U0392642

邢立达给孩子的恐龙饕宴

邢立达/著　王静思/绘

生活·讀書·新知 三联书店

Copyright ©2019 by SDX Joint Publishing Company.
All Rights Reserved.
本作品版权由生活·读书·新知三联书店所有。
未经许可，不得翻印。

图书在版编目（CIP）数据

邢立达给孩子的恐龙饕宴 / 邢立达著；王静思绘 .
-- 北京：生活·读书·新知三联书店，2019.8 （2019.9 重印）
ISBN 978-7-108-06642-8

Ⅰ . ①邢… Ⅱ . ①邢… ②王… Ⅲ . ①恐龙 – 青少年
读物 Ⅳ . ① Q915.864-49

中国版本图书馆 CIP 数据核字 (2019) 第 130104 号

选题策划 王博文 王 津
责任编辑 俞方远
装帧设计 赵 宇 孙 帅
责任印制 卢 岳
出版统筹 姜仕侬
营销编辑 刘旭洋
出版发行 生活·讀書·新知 三联书店
（北京市东城区美术馆东街 22 号）
网 址 www.sdxjpc.com
经 销 新华书店
印 刷 三河市天润建兴印务有限公司
版 次 2019 年 8 月北京第 1 版
2019 年 9 月北京第 2 次印刷
开 本 635 毫米 × 889 毫米 1/16 印张 10.5
字 数 90 千字
印 数 10,000—20,000 册
定 价 49.80 元

序

38亿年的化石记录漫漫，有一类化石非常吸引我，那就是那些肚子中记录着“最后晚餐”的化石，这可是一张张穿越时空的“古菜谱”。本书作者做得更有趣，从维多利亚时期的恐龙宴开始，拿古生物入菜，让想象力与化石记录相碰撞，为我们做出一桌丰盛的史前大餐。

刘慈欣

自序

“吃货”的终极盛宴

潮州人是中国人中颇具传奇色彩的一个族群，本处于“国角省尾”的不起眼小地方，却因聪明的才智、出众的经商能力和遍布世界的华侨，创造出很多带有传奇色彩的成就。但对于寻常潮州人来说，这座小城市所带来的，更多的是暖暖亲情以及闻名海内外的潮州菜。

呱呱坠地时，家族对我寄予了极大的期望，后来我才知道自己是长子长孙长曾孙。因此，我的地位飙升，从记事起，一直得到全家人的悉心照顾。奶奶专门提前退休来照顾我，给我准备最好的房间、最好的食物，给了我最好的爱。

家里辈分最高的是曾祖父，我口中的“老爷爷”。老爷爷生于清末，家里曾有良田万顷，用他的话说：“看，过了韩江，那边的地以前都是我们家的。”老爷爷自然就是地主家的大少爷，吃穿都是上品，平时收藏古董，玩摄影。不过，老爷爷并不是坐吃山空的败家子，成年后他做起了药材生意，鼎盛时期，分号遍及整个潮汕地区。后来，老爷爷成为人民教师——一个小学的教员，寄希望于下一代，无论是自己的，还是教室中的。

我的童年，恰好是在改革开放的早期阶段，物质还不太丰富，但老爷爷总是能把“吃”上升为一种精致的生活态度。记得我们在葡萄架下，慢悠悠地剥“地豆”（花生），花生会留下半边的壳，里面坐着两个花生仁，唤做“地豆船”。从《醉渔晚唱》到《火烧赤壁》，“地豆船”搭载着数不清的故事。而老爷爷推着“地豆船”，慢慢划进我当时幼小的心灵，贴于灵璧之上的，也包括了不糟蹋、不将就，要尊重和享受食物的奥义。

至于恐龙，我也不知道具体是什么时候迷上了这些史前怪兽。是小学时代的我，骑着自行车横穿潮州城，寻找一副总也收集不齐的恐龙贴纸？是妈妈讲过的《十万个为什么》里面的奇妙的马门溪龙？还是当年天天追着看的《恐龙特急克塞号》？现在已经不得而知了。

当我有足够的能力外出闯荡时，我毫不犹豫地开展了在华夏大地寻龙的计划。慢慢地，我的足迹遍布祖国各地，紧接着又迈出了国门。此间多年，我参观了无数个恐龙博物馆、地质公园，也参加了不少次著名的恐龙挖掘。这其中的恐龙妙事自然无穷尽，而同样有意思的则是各地的美食。世界之大，食派之多，食材之奇，令人拍案叫绝。

两年前，当我漂在北京时，老友开玩笑说，你这么喜欢吃，不妨告诉我们恐龙能怎么吃。说者无意，听者有心，这确实不失为一个绝好的创意，于是我陆陆续续撰写了多篇以此为主题的文章。后来蒙科学松鼠会小庄（现在唤作庄大彪）厚爱，这位集美丽与智慧于一身的文艺女生多次悉心指导文稿修正，总算完成全稿。书稿由浙江大学出版社出版后，获得了许多网友的好评，“寓教于吃”，“重口味的科普吃货文”，“无数次看着看着流着一口口水沉入了梦乡”，“吃的动力搞科学研究，想不疯狂都难”，“吃了块冻了几千年的猛犸象肉，没有辱没广东人好吃的威名”，等等，带给我绝大的满足，使我在繁重的科研工作中得到了片刻的慰藉。现在此书在版权到期之后得以修订重新出版，并更换了萌系的插图，希望还能得到大家的喜欢。

希望这本书能为大家带来一段混杂着恐龙新知旧识、科学史八卦、世界各地风味美食的休闲之旅。我在茫茫古生物中，苦心寻找最接近于现代食材的动植物，虚拟着“煮只恐龙做大餐”，希望让你真正体会到当古生物学与美食碰撞在一起时的那种奇妙。现在，请随我走进史前大厨房吧！

邢立达

目录

CHAPTER 1
恐龙编年史上的圣餐

CHAPTER 2
前菜

CHAPTER 4

副菜：鱼及海鲜类

CHAPTER 1

恐龙编年史上的圣餐

让光阴掠回到1853年的年末，

伦敦西德纳姆镇郊的水晶宫，

正灯火通明。

21位科学界和商界的名流雅士济济一堂，

环坐在一个巨大的、未完工的禽龙模型内，

一场盛宴正在杯觥交错中欢快地进行着……

他们在恐龙肚子里吃大餐

地下千年藏，
它骨骸依存，
如今它却又圆又大，
这是它的新生！

它的骨骸恰似泥塑之亚当，
它的肋骨如铁般坚固，
这野兽今日何处活灵活现？
这无疑是一个大挑战。

在它的体躯内隐藏着，
现代人的精英，
如今谁胆敢嘲笑蜥辈，
哪怕再试一次？

（合唱）这非常古老的巨兽，
它没有灭绝，
它的体躯中再次注入了生命！（吼！）

让光阴掠回到1853年的年末，伦敦西德纳姆镇郊的水晶宫，正灯火通明。21位科学界和商界的名流雅士济济一堂，环坐在一个巨大的、未完工的禽龙模型内，一场盛宴正在杯觥交错中欢快地进行着……

列席的诸位大拿是当时世界上最卓越的地质学与古生物学学者：时任英国地质学会会长的福布斯（Edward Forbes）是其中的执牛耳者；大英自然史

博物馆自然史部总监欧文爵士（Richard Owen），他同时也是维多利亚女王和两位首相的朋友，并于11年前创造了“Dinosaur”（恐龙）一词；著名的动物画家、雕塑家霍金斯（Benjamin W. Hawkins），水晶宫的恐龙模型都是他制作的；牛津大学地质学教授兼牧师巴克兰（William Buckland），世界上第一只恐龙的命名人，喜欢在房间里饲养鼬狗和豺作为宠物；世界博览会发起方的名誉代表富勒（Francis Fuller），他是一个摆设。

具有讽刺意味的是，在座位前方的名牌上，悍然写着居维叶男爵（Georges Cuvier）和曼特尔（Gideon Mantell）的名字。前者是法国动物学家、比较解剖学和古生物学的奠基人，卒于1832年；后者是英国皇家外科医师学会会员，禽龙的发现者、命名者，卒于1852年。多说一句，曼特尔是被欧文一路迫害致死的，属于“你不死，我睡不着”的那种。

当新年钟声敲响时，福布斯站起身来，领头吟唱了他专门为此次宴会创作的歌曲，最后一段还请诸位宾客一起合唱（吼！），这果真是古生物学者迎接新年的绝好方式啊！

水晶宫中的这一幕来自一个有趣的创意。1849年世博会闭幕后，水晶宫被拆除并迁往新址重建。为使新水晶宫更加精美，约瑟夫拜访了大英自然史博物馆的欧文，希望能制作一批恐龙模型装点新水晶宫公园的几个小岛。恐龙在当时并不是什么老生常谈的玩意，而是媒体的宠儿，很符合世博会“求新”之精神。欧文自然也不会放过这个可以让自己出名的机会，在他的力邀下，雕塑师霍金斯开始为新水晶宫制作恐龙模型。

面对这一项前无古人的工作，霍金斯首先参考了曼特尔的禽龙复原图。在曼特尔的复原图中，禽龙就是远古时代的大鬣蜥。当时居维叶和巴克兰复原的沧龙同样也为蜥蜴型，所以曼特尔就按照蜥蜴身体各部分的比例，“套入”禽龙化石，于是，复原出来的禽龙成了一只大鬣蜥怪。它和鬣蜥一样有一条长长的尾巴，弯曲的四肢支撑着巨大的躯体，最引人注目的是，这禽龙的鼻尖还长着一个角（后来我们知道那是它的拇指爪）。

霍金斯原先的设计，要用人工的仿真海潮来产生潮汐，使鱼龙与蛇颈龙能沉浮于其间，但后来因故没有实现。所以，现在公园里的鱼龙和蛇颈龙被复原成海岸旁的“居民”。但与禽龙那个可爱的错误小角相比，鱼龙则有一项前瞻性的正确复原，霍金斯给鱼龙加上了对称的尾鳍，而这在当时还没有发现对应的化石证据。直到19世纪末期，鱼龙尾鳍印痕在德国霍斯马登（Holzmaden）被发现后，我们才知道鱼龙确实有对称的尾鳍。

哺乳类的曲齿兽则被复原得像只巨型青蛙，具有强有力的后肢以及短小的身躯。（现在我们知道曲齿兽应该是修长体形。）此外，还配上了俯身悬崖的翼手龙和海边晒太阳的真蜥鳄，等等，好一幅生机勃勃的中生代景观。

最终，霍金斯一共交出了25种史前爬行类和哺乳类动物模型，这其中包括：恐龙类的禽龙、巨齿龙、林龙；其他爬行类的鱼龙、蛇颈龙、沧龙、海龟、翼手龙、真蜥鳄；古哺乳类的大角鹿、二齿兽、曲齿兽、古兽马、无防兽和大地獭等。这些原尺寸大小的史前动物模型，被依序摆置在人工湖边，这个公园也因此被视为有史以来第一个主题公园。更重要的是，维多利亚时代的人们对恐龙还没什么具体的概念，霍金斯作为世界上第一个制作恐龙模型的人，第一次具体化了人们对恐龙的想象。

现在，虽然新水晶宫的主体建筑早已在火灾中全毁，但霍金斯的模型却仍然屹立在湖畔，而且在千禧年后，英国政府还专门派人修复并粉刷过，整个场景更胜从前。人工湖周围丛林繁茂，浓密的枝叶簇拥着一个个恐龙模型，为其增添了神秘的色彩。当你步入这个景致缤纷的公园，漫步在木栅栏围住的小径中，可见针叶树遮天蔽日；当你穿过碧绿色的湖泊，可见一个个小小的岛屿散布其中。树丛之中，隐藏着原尺寸大小的绿色的禽龙、巨齿龙、林龙……

不知不觉中，那种史前蜥蜴的形象就会悄悄潜入你心底，成为你日后古生物情结的一部分。想当年，已到知天命之年的欧文，坐在禽龙饭馆的头部位置，心里一定非常得意吧！他一直嫉妒的曼特尔已经“挂了”，恐龙学在他手中创立，水晶宫模型也名声远扬，流传百世。

恐龙编年史上的第一顿圣餐

作为恐龙编年史上的两顿圣餐之一，新水晶宫里这顿饭的内容肯定不能马虎，这场著名的雄餐豪饮到底吃了什么好东西？让我们好好看看。

菜品一共七大项：

第一轮是汤，包括仿鳖汤、肉冻羹和野兔汤。

第二轮是鱼，有蚝汁鳕鱼扒、牙鳕鱼排和荷兰汁比目鱼。

第三轮是主菜，有烤火鸡、火腿、斑鸠肉卷排和芹酱煮鸡。

第四轮是野味，有雉鸡、鹌和鹬。

第五轮是丰富的甜品，有马德拉冻、橘子果酱、忌廉冻、夏洛特皇家蛋糕、法式点心、奶油杏仁糖和毕森果酱蛋白甜饼。

最后是水果和酒。前者包括葡萄、苹果、梨、杏仁、葡萄干、法梅、松子、榛子和核桃，后者包括雪利酒、马德拉酒、波特酒、摩泽尔葡萄酒和波尔多红葡萄酒。

据考，厨师是来自伦敦的赫金伯瑟姆（Charles Heginbothom），并不是非常出名。

这些菜肴看似平常，却尽得19世纪英国菜的精髓。其中我觉得最有意思的应该是“仿鳖汤”。中国人对鳖很是熟悉，这种俗称甲鱼的龟鳖类动物肉质鲜美，自古以来就被视为滋补圣品。然而，这种动物作为佳肴也曾在19世纪英国的中上层社会中风靡一时，受到饕餮客的热烈追捧，甚至某年伦敦市长的就职晚宴中，也点名追加了鳖汤。

不过，当时要吃到新鲜的鳖儿可不是那么容易的，它们要历经数千千米，横跨整个大西洋，搭载加勒比海的运糖船才能来到伦敦。途中，鳖因不耐长途会死掉大批，幸存的到了毕林格滋凯特鱼市场没一会儿就会被哄抢一空。

19世纪英国小说家萨克雷（William M. Thackeray）的成名作《名利场》中，乔斯·赛特笠就为此颇为郁闷过，因为给他布菜的女主人对于眼前的大汤盅里的鳖汤完全不懂，不知道鳖的脊肉和肚肉哪个更好吃些。所谓的“脊肉和肚肉”也就是指鳖的裙边和腹肉。哦，当然裙边才是最好吃的，我觉得。

言归正传，这些远道而来的中美洲稀罕物，价格相当昂贵，加上货源不定，就连达官显贵也不一定能随时吃到。所以呢，勤劳勇敢、有着无穷智慧的不列颠人民就发明了“仿鳖”，也称“素鳖”，其实就是以其他动物的肉来取代、模仿鳖肉，于是产生了用牛头肉熬成的仿鳖汤。这个配方中的取代物，在英国推荐使用小牛头肉，因其味道与凝韧的质感与鳖肉相似；到了美国则配方有变，改用牛尾、成年牛肉或牛杂碎。

一份仿鳖汤所用的材料有：1个大洋葱，细切；1大匙黄油，2大匙橄榄油；1磅牛尾肉；1瓣蒜，捣碎；3粒丁香；1/4匙百里香；1片月桂；1大匙面粉；3杯热水；3杯鸡高汤；1个去皮剁碎的西红柿；少许盐和胡椒；1/2个薄皮柠檬，带皮剁碎；1大匙芫荽；2个煮老的蛋。其他配方中除多了雪利酒，基本上大同小异。

西方现代派意识流小说的开山之作，乔伊斯（James Joyce）的《尤利西斯》中也提过此名菜：“一股热腾腾的仿甲鱼汤蒸气，同刚烤好的酥皮果酱馅饼和果酱布丁卷的热气，从哈里森饭馆里直往外冒。浓郁的午餐气味刺激着布卢姆先生的胃口。”

可见此道菜还是很美好的东西呢，希望今日英伦人来到中国，不要被碗里的鳖汤和鳖肉吓到，毕竟你们的祖先还出过好几本菜谱，手把手地教鳖汤烹饪法，更手把手地教如何手刃鳖儿。

钢铁大王卡内基的大手笔

梁龙（*Diplodocus*）无疑是最著名的蜥脚类恐龙之一，属于那种一看就能认出来的家伙。它生活在距今1.55亿至1.45亿年前的晚侏罗世，是典型的“侏罗纪公园”之主角。

梁龙的化石最初由威利斯顿（Samuel W.Williston）发现于美国怀俄明州科摩绝壁莫里逊组地层，而后由“化石战争”的主角，著名古生物学者马什（Othniel C. Marsh）于1877年描述。从化石看，梁龙之“梁”也名副其实，它的体长至少有27米，其中脖子长约8米，尾巴长约14米。

梁龙之所以如此著名，受到如此多的关注和研究，是因为其背后有一个非常有意义的故事。它的闻名，全然是商业大亨与古生物学科的一次美妙结合。

回溯到19世纪末的美国，钢铁大王卡内基（Andrew Carnegie）可谓无人不知，无人不晓。这位出生于苏格兰的穷小子，在残酷压榨工人导致流血事件的劳资纠纷之后，又遭遇合作伙伴的信任危机，最终选择了放下。

卡内基随后卖出了卡内基钢铁公司和所有的股份，共值4.8亿美元，相当于今天的125亿美元。卡内基把其中3亿美元换成债券，放入新泽西银行的保险箱里，作为以后致力于慈善事业的基金。在这笔巨资的帮助下，大量的图书馆和其他有利于公众文化提升的设施纷纷建立。如今，位于匹兹堡的卡内基自然史博物馆便是其中的一个。

卡内基自然史博物馆建成之后，负责人雇佣了多个考察队四处挖掘化石，没过多久，这座博物馆便以恐龙藏品丰富而蜚声国际。而在卡内基的资助下最著名的发现，则是卡内基梁龙。梁龙最初由马什命名，但并不完整。卡内基自然史博物馆随后对科罗拉多州的峡谷城的3具梁龙遗骸进行了修理与装架，使其成为一只几乎完整的梁龙。

这只恐龙极其巨大，仅尾巴就达11米。1900年，卡内基自然史博物馆的赫琪尔教授（John Bell Hatcher）对这件梁龙标本做了详细的科学描述，并精准地拍了卡内基的马屁，将梁龙命名为卡内基梁龙。当然，赫琪尔也不是沽名钓誉之徒，他是一名伟大的古生物学者，他发现了世界上第一只三角龙化石，但他的成就长期被其老板马什的光芒所掩盖。在马什死后，他才接下了角龙研究的重任，并被卡内基聘请到博物馆工作。

卡内基听说如此伟大的骨架用了自己的名字来命名，自然心花怒放。大喜过望的他慷慨解囊，请工作人员复制一副与骨骼原物一样大小的骨架以便展出。尽管每副复制骨骼要花费3万美元的巨款，卡内基还是乐此不疲。卡内基自然史博物馆先后复制了7副梁龙化石送给当时世界知名的博物馆，接受捐赠的名单中包括大英自然史博物馆、德国柏林自然史博物馆、德国法兰克福森肯堡自然博物馆、巴黎自然史博物馆、西班牙马德里国立自然科学博物馆、奥地利维也纳自然史博物馆和美国芝加哥菲尔德自然史博物馆。

这些被赠与国的当家人，如法国总统、德国皇帝威廉二世、奥匈帝国皇帝弗朗兹·约瑟夫一世（茜茜公主的丈夫）等，都表现出不弱于爱德华七世的热情，总是以最高的礼仪迎接，总理、贵族纷纷捧场。也多亏了卡内基的大力推广，梁龙在世界范围内达到了妇孺皆知的地步，成为人们心目中唯一能与暴龙齐名的史前巨兽。

梁龙雷倒了法利埃总统

卡内基梁龙来到巴黎国立自然史博物馆的旅程并不顺畅。

巴黎国立自然史博物馆并非凡物，其前身是法国皇家花园。18世纪，著名博物学家布丰在此主事时，增设了自然史馆和动物园，并在1794年将其命名为国立自然历史博物馆。该馆设有比较解剖学与古生物学、化石与古植物学、植物学、矿物学、地质学等几个较大的部门，其中的比较解剖学与古生物学厅从1898年启用便开放至今，是建筑师都特（Frédéric Dutert）为迎接1900年巴黎世界博览会而设计兴建的。

无论建筑还是藏品，都使这个博物馆魅力非凡，它成为声名显赫的法国外交官兼大诗人克洛代尔（Paul Claudel）心目中全巴黎最美的博物馆。克洛代尔是现代法国文坛上介绍中国文化的第一人，曾在1895至1909年间出任法国驻清政府外交官，还被慈禧太后接见过，其胞姐卡米耶则是大雕塑家罗丹的情人。

1903年，该馆的著名自然学家、法兰西科学院院士佩里埃（Edmond Perrier）和新上任的古生物学讲座主持人布尔（Marcellin Boule）在一个偶然的机会，八卦到了卡内基自然史博物馆正准备捐给大英自然史博物馆一具梁龙模型。

他们随即向匹兹堡的同行发出倡议，希望用几块欧洲古近纪的哺乳动物化石，来交换这只美洲巨兽的模型。不知为何，这个谈判拖得很长。直到1907年，卡内基自然史博物馆的馆长霍兰德教授（William J. Holland）终于通知佩里埃，卡内基先生愿意赠送一具梁龙模型给法国："这是象征美国人民对法国人民真诚友谊的礼物。"

于是，34箱装着梁龙化石模型的木箱，由萨沃依号轮船装载着，花了两个月时间穿过大西洋，于1908年4月12日抵达法国勒阿弗港。这份大礼由霍兰德教授和标本制造师科格索尔（Arthur Coggeshall）押运到博物馆，并亲自指导恐龙模型的装架。由于陈列厅不够宽敞，布尔提议让梁龙的尾巴在末端拐一个小弯，缩短了3米的长度。

最后，1908年6月15日，在美轮美奂的比较解剖学与古生物学厅中，梁龙的揭幕仪式隆重举行。两列卫兵，加上打扮得花团锦簇的各式盆栽站立在博物馆门前两侧。霍兰德、赫琪尔、科格索尔一早就在一旁恭迎。法兰西第三共和国的法利埃总统（Clement A. Fallières）率领众高官、贵族也准时出场，为恐龙模型剪彩。媒体都认为，这次迎接卡内基梁龙的庆祝盛典远比1905年伦敦展出梁龙时隆重。（把英国比下去了，法国人好开心耶！）

不过，不知道是否因为缺乏心理准备，法利埃总统被这个庞然大物的尺寸惊得目瞪口呆，平日口若悬河的辩才突然消失了，他直面化石，目瞪口呆地傻站了一会儿。这个瞬间被写入了小曲《拜访梁龙》。歌词是这样的："有人告诉法利埃先生，从另一个半球，来了一块大洪水以前的巨大化石，他无言以对，无言以对。听到别人叫这块化石狄普洛多卡（*Diplodocus*，梁龙）——多么难记啊！总统说，请再念一遍，狄普洛多卡……什么？什么？什么？"

好不容易缓过劲儿来，当总统看到梁龙那卷曲的长尾时，又吃惊得有些口齿不清，哆嗦着嘴唇道："Quelle queue！Quelle queue！"这句话的英语意为："What a tail！"中文意为："这是怎样的一条尾巴啊！"

浪漫巴黎，以古动物之名入菜

在盛大的欢迎仪式之后，终于发生了一件与本书密切相关的大事——他们吃饭了。这也是恐龙编年史上的第二顿圣餐。

当天晚上，馆方举办了一场永载史册的晚宴，只见侍者鱼贯而入，黑色西装背心、白衬衫、黑领结、白围裙，手上挂一条白色毛巾，捧了大餐过来，刷得锃亮的锅盖一掀，立刻芳香四溢。领班用一口柔软法语、颤动的小舌音报菜名："这是追忆侏罗浓汤，兹怀念高莱教授……"

这第一道菜用以怀念杰出的地质学及古生物学者高莱教授。高莱于1908年11月27日逝世，他精于古哺乳类的研究，曾发现了希腊马拉松平原附近的帕克米（Pikermi）化石点，那里有着非常丰富的晚中新世动物化石。而且，高莱还规划了巴黎国立自然史博物馆的比较解剖学与古生物学厅。他是19世纪中期法国少数支持进化论的自然学者之一，这使得他在自然史博物馆被孤立，当时大部分法国学者仍支持居维叶的物种不变论。不过，高莱的演化观不是由达尔文的"物竞天择"而来，而是由传统的"世界和谐"所衍生出来的"生物阶序"而来。

第二道菜是"古生物前菜"。法餐的前菜的确是一个多姿多彩的小天堂，囊括了在上主菜之前的所有佳肴，包括各式冷盘、料理……总之有数不清的可能！在不同的地区，因当地的特色及喜好，发展出多样化的各地名菜。

第三道菜是"埃克斯鲽鱼"。埃克斯市的西班牙海鲜饭非常有名，它在历史上曾是普罗旺斯首府，普罗旺斯则有着知名的普罗旺斯高地地质公园(Haute - Provence Geological Reserve)。

第四道菜是"完齿兽腰肉，配沛绿雅气泡矿泉水"。这道原本普通的猪肉料理被冠上古生物之名后就变得不平凡了。完齿兽是现今的猪与其他有蹄动物的表亲，它是一种凶猛而残暴的动物，对它来说，用嘴巴完全咬住另一只同类的头，似乎是相当轻松平常的事。完齿兽的骨骸大多有着严重的损伤，有些头骨的双眼之间的部位有着深达两厘米的伤痕，这唯一的可能便是它在冲突中被同类所伤。事实上，完齿兽的脸部布满骨疣，就跟现在的疣猪一样，而且分布得恰到好处，以便在残酷的战斗中保护好眼部、鼻部等要害。

紧接着被送到宾客面前的是"圣杰雅德禽肉"。圣杰雅德为法国中新世一化石点，以出产昆虫化石出名。

晚宴的尾声是美式色拉与“火山喷发荷兰豆冰”。后者很有意思，这是一款有两层构造的冰品，外层是比较硬的冰淇淋或雪酪，里面则是比较柔软的冰淇淋，用来表现“火山”再恰当不过了。

从这些菜式可以看得出，法国人在接受卡内基梁龙模型大礼包之后的心态是复杂的。在当年的欧洲，“美国威胁论”已达到了一个高峰。因为“美西战争”后，美国的经济和军事实力大步迈进。到1908年，美国已建成一支实力居世界第二的海军舰队，这支庞大的舰队拥有29艘当时威力最大的新型战列舰。相比之下，法国当时的国力很是平平。

舰队不如人，我们要在嘴巴上夺回来！于是，这顿与友邦的晚宴，官方下足了苦功：先是追忆了高莱，表示自己不忘先人；然后引入古生物主题，并宣传了美丽的埃克斯；之后就给美国人一个下马威，拖来一只完齿兽，吓吓友邦；还不忘来一瓶沛绿雅气泡矿泉水，让刺激的口感和冰凉的感觉振作一下友邦的身心；再回到本国化石点的介绍，尾声是体味友邦的菜色，来几口色拉；最后来一个轰轰烈烈的“火山喷发”，彰显法兰西奔放的国家风范。

时间如白驹过隙，现在已经没有多少人去在意这些陈年往事，卡内基梁龙模型如今成为各博物馆的镇馆之宝。当年的卡内基梁龙模型展出后，巴黎人纷纷参观之，并以此为高雅之举。著名的诗人、散文家，酷爱巴黎，通晓有关巴黎街区各种掌故逸闻的法尔格（Léon - Paul Fargue）就在《巴黎行者》一书中，对自然史博物馆内孤独的欣赏者大加赞赏：“我本人和少数一些人继续留在那里，我们在巨大的古生物梁龙面前尽情地遐想着……”

CHAPTER 2

前菜

如果有一条硕大的、八九米长的邓氏鱼放在我们面前，

我们该如何烹饪？

中国人可能会想出上百种方式，

美国人则可能就是烤鱼块一条道走到黑。

而身在加拿大的我，

此时脑海里只有一种声音：

熏了它！熏了它！熏了它！

雷啸鸟肝——史前最强鹅肝

DROMORNIS LIVER: THE BEST PREHISTORIC FOIE GRAS

成年的雷啸鸟站立时身高超过3米，体重可达500千克。与此相对照的是，现今最大的鸟类——鸵鸟，成年个体一般身高2.7米，体重约156千克。

法国鹅肝的源头在哪里？

鹅肝就像清晨时分一个来自爱人的吻，细腻柔和，在舌尖化开。不管你脸上的皱纹增加了多少，她总是一如既往地给你最甜蜜的一吻。好的鹅肝是那么的丝般润滑，完全无需动用牙齿，只要舌尖一舔，它就在你的体温里化开来，洋溢而出的鲜美只能用大胆浪漫的法国方式来表达了。

相传，鹅肝起源于约公元前25世纪的埃及，当时的埃及人发现野鹅在迁徙之前会吃大量的食物，把能量储存在肝脏里，以适应长途飞行的需要。在这段时间捕获的野鹅味道最为鲜美。很自然，人们马上想到了家鹅也可以被过分喂饲，从而得到肥大的肝脏。随后，鹅肝的吃法被传至罗马帝国，但随着4世纪罗马帝国的衰亡，鹅肝这种食物也几乎失传，只在犹太人那儿保留了下来，直至16世纪传回法国地区发扬光大。目前，法国的鹅肝产量占全球总产量的80%以上。

不过，法国人都认为枯燥的史实配不上鹅肝这样的美味。所以，关于鹅肝，法国人会兴致勃勃地告诉你这样的故事：高卢人本想在夜间突袭罗马的丘比特神庙，行动部署得十分隐秘，但是不料惊动了附近的鹅。鹅的叫声惊醒了罗马军队，罗马人苏醒过来，击退了高卢人，最后还占领了高卢地区。于是，鹅便成了当时罗马人的神明，人们热衷于饲养它们。渐渐地，鹅越养越多，加上没有节育，结果泛滥成灾，罗马人最后下狠心开吃也吃不过来。而这些多余的“神明”平时待遇还奇好，吃的都是清热解毒的无花果，正好养肝，结果歪打正着地造就了美味。

罗马殖民者就这样为法国人的餐桌带来了美味的鹅肝。要说最喜欢鹅肝的法国国王，则非“锁匠”路易十六莫属。为了迎合他的爱好，饲养工艺和各种新吃法层出不穷，许多人还争相为鹅肝吟诗作赋。

以乾隆皇帝为代表的清朝皇室非常喜欢吃鸭子，还吃出了道“干菜鸭子”。可是，向来“活在味蕾上”的泱泱中华，怎么就没有发现鹅肝这等美味？这已经不可考，但却引出一个很有趣的事实，那就是：中国家鹅与欧洲家鹅的起源并不一样！

鹅其实是一个多样化的物种群，被分成两大属：雁（*Anser*）和黑雁（*Branta*），家鹅属于雁属内的灰雁鹅种（*Anser anser*）和鸿雁鹅种（*Anser cygnoides*)。

生物学家狄拉卡（J. Delacour）指出，家鹅起源于两种不同的野生雁种，大部分欧洲鹅种起源于灰雁；而以中国家鹅为代表的亚洲鹅种起源于鸿雁，该学说现已被学术界广泛接受。欧洲制造肥鹅肝的朗德鹅（Landes goose），其祖先就是灰雁。同样的鹅，命运就是这么不同，鸿雁在中国，那是用来传书的呢！当然也吃，但起码不虐吃。

美味背后的巨大痛楚

为什么说是虐吃呢？欧洲的鹅肝可不是“走地鹅”的正常肝，而是肥胖鹅的脂肪肝。在鹅出生约14周后便开始给它强迫灌食，灌上2～4周，每日2～3次，使用管子将特别调制的粟米浆直接灌入其食管，使大量过剩的脂肪慢慢积聚成肥大的脂肪肝。

培养“脂肪肝”的过程是极其残忍的，鹅所受到的折磨一点也不亚于黑熊活取胆汁、鲨鱼生割鱼翅等做法，可就仅仅因为它来自欧洲，已经是传统的美食，所以并没有多少反对声，这是典型的不公平。虽然一些地区，如美国的加州于2012年开始全面禁售禁食鹅肝，一些动物保护组织也常发起拒吃鹅肝的运动，但这些丝毫干扰不了法国人的美食神经。他们的议会以376票对150票通过法案，确认肥鹅肝是“一种文化和美食遗产，法国应该加以保护”。

慢慢地，这块“脂肪肝”逐渐将某些人喜好的口腹之欲变成了一种高雅精致的饮食文化。这个在法语中读音像“福娃，歌哈”的“鹅肝酱”（Foie Gras）成为美食中的高频词。隐居在普罗旺斯的英国知名畅销书作家梅尔（Peter Mayle）说，法国西南部加斯克尼（Gascogne）的利沃里姐妹做的肥鹅肝是他吃过的最好的鹅肝。国内著名美食专栏作家殳俏姐说，真心热爱鹅肝的每个人都会找到自己最挚爱的一款鹅肝，而不一定要听信一家之言。总之，鹅肝是最能反映私人爱好的食物，它测量的是你个人和天堂的距离。

可以这么说，鹅肝在法国菜里的地位如同燕翅鲍之于中国菜。不过，它们的烹饪精神却完全相反。燕翅鲍这些食材因本身基本无味，而靠“食别入味”，功力见于汤汁水，而鹅肝本身就奇鲜无比。法国人对一块鹅肝的最高礼遇就是放在粗盐中，低温缓慢加热12至15个小时，做法越原始越好；或者切成厚片，薄薄地扑上细粉、盐和胡椒，煎成金黄色，再浇上甜味酱汁，配以无花果食用。

不少人认为吃鹅肝会得高脂血症、高胆固醇。其实不然，事实恰恰相反。据营养专家说，肥鹅肝以不饱和脂肪酸为主，易为人体所吸收利用，食后不会发胖，还可降低人体血液中的胆固醇含量。更妙的是，其蕴含的人体不可缺少的卵磷脂比正常鹅肝多3倍。当然，一切美味的食物都要适可而止，白米饭才是永恒的经典。

做份史前大鸟肝怎么样？

现代的各种鹅儿挣扎在养殖场中，或生活在竹笼里，或逃窜于田野间，除了人类或野兽的刀叉利齿之外，它们其实并没有多大的危险。它们在瘦身后可以远距离飞行，这也是现生鸟类中的雁形目（*Anseri formes*）的通性，这类动物包括人们通常所说的鸭、潜鸭、天鹅、各种雁类，等等。

但古生物的世界往往出人意料，你一定不会想到雁形目在新生代早期还出现过一种极其恐怖的巨鸟。不知道小鹅们聚会的时候会不会握紧拳头，悄悄地说："我们有一个口述的史实，我族在百万年前，有过巨大的斗士，那时候，什么人类的祖先啊，都是浮云。"另一只接着说："可不是，屠那些人类的祖先，就像切菜一样！"

它们口中"巨大的斗士"就是生活在早上新世（距今约530万年前）澳洲北部的雷啸鸟（*Dromornis*）。雷啸鸟属于雷啸鸟类（*Dromornithidae*），也叫"Mihirung bird"，这是土著语言中"巨型鸸鹋"的意思。雷啸鸟由欧文于1872年命名描述，根据化石估算，成年的雷啸鸟站立时身高超过3米，体重可达500千克。与此相对照的是，现今最大的鸟类——鸵鸟，成年个体一般身高2.7米，体重约156千克。

话说恐龙灭绝之后，隐忍了1.6亿年之久的哺乳动物终于借力革命成功，迎来了属于自己的新时代。不幸的是，革命的道路总是曲折的，曾经称霸天下的恐龙仍然留下了一支后裔，那就是鸟类。这些后裔大部分飞向了天空，但也有一些留在了地面，继续扮演着陆地霸主的角色，雷啸鸟类就是其中一"黑帮"。

雷啸鸟类的演化主线就是翅膀缩小而体形增大，靠强健的双腿和尖利的嘴喙在平原上纵横驰骋。与如今的非洲鸵鸟相比，它们的腿更粗，翅膀缩小到了可笑的程度。翅膀面积缩小有利于减轻身体前部的重量，并把这部分重量留给巨大的头颅，这走的几乎是当年暴龙类演化的老路。

虽然发现雷啸鸟类已经很多年了，但关于其行为及生活习性，仍旧迷雾重重。其中争议最多的就是它的食性。这也是我们这道菜的关键。如果雷啸鸟类都是肉食性的，那么其肝就难以类比鹅肝了。

不过，自打被发现起，几乎没人去质疑包括雷啸鸟类在内的所有大型不飞鸟都是肉食性动物这个观点。这是因为鸟类与哺乳类不同，它们不能咀嚼它们嘴里的食物，所以素食鸟类虽然可能演化出大的喙部，却没有必要演化出庞大的头部，更不会拥有强大的颌部肌肉。因为一个较大的头及强有力的喙，对素食性鸟类觅食几乎没有什么帮助。

判断这些大型陆栖鸟类的生态习性的关键，不应仅仅分析它们的头部与身体结构，而是应研究它们与食物之间的关系。对于不飞鸟类来说，没有什么植物是适合它们的，因为它们的头部实在太大，强大的颌部肌肉更是毫无用处。

我们可以对比一些大型素食或杂食陆栖鸟类，例如灭绝不久的恐鸟（*Dinornis*）、现生的鸵鸟（*Struthio*）、鸸鹋（*Dromaius*）和鹤鸵（*Casuarius*，俗称食火鸡）等，它们无一例外，都长着较小的头部和灵活的颈部。

不过，以上的观点在今日看来，并不能包揽所有的不飞鸟类，因为不同的不飞鸟类差异性较大。雷啸鸟类在不飞鸟诸多类群中，存在植食成员的可能性最大。1998年，澳洲古生物学者穆雷（Peter Murray）和蒙基雷恩（Dirk Megirian）的研究显示，雷啸鸟类事实上更接近于鹅、鸭子和其他的水禽。整体上，缺乏钩状喙，脚趾无钩爪，有胃石，群体生活，视线无法重叠（这种鸟的双眼不像一般肉食动物那样长在正前方，而是分别长在头的两侧，难以锁定要捕捉的对象），这五个事实都是证明雷啸鸟类是植食性动物极为有利的证据。

有学者甚至表示，雷啸鸟类中长有大嘴的雷啸鸟、牯鸟（*Bullockornis*），它们的大嘴很可能主要用于群体间的复杂社交行为。雷啸鸟类中，生活在迄今5万年前更新世的牛顿颌鸟（*Genyornis newtoni*）身高近2米，与其近亲牯鸟相比，牛顿颌鸟拥有占其身体比例非常小的头部，颈部也类似于食火鸡，不少学者倾向于将其归为植食性鸟类。

史前超级大鹅的烹饪秘诀

植食性的超级大鸟，而且还是鹅的亲戚，想必就可以成为美味的“鹅肝酱”的原料了吧！但此时，我意识到一个严峻的问题：史前超级大鹅可是精力满满的动物，如果是肉食，那势必整天拿大嘴欺负草原上的袋狮、大袋鼠等动物；如果是植食，说不定就反过来被袋狮拿着刀叉追杀。这一奔跑，就跑出了健康，怎么还会患上脂肪肝呢？

在制作雷啸鸟肝酱的时候，放入相当多的油脂才能得到浓郁香滑的口感。在烘烤雷啸鸟肝的时候，可以加入用其鸟皮烤出的油脂，又或者在肝烤好以后拌上这种鸟的油脂，搅拌后，冷冻成型切片吃。因为就算是传统的法式鹅肝酱，其制作方法也是用小火将大量的黄油跟鹅肝一起在锅内加热，同时不停地搅拌，直至两者完全融合以后冷却成型。

也许有读者会感到困惑，为什么本来就很油腻的东西还要加入黄油？这是因为单纯的鹅肝在烘烤之后，大量的油会流失，变成惨不忍睹的分开的鹅肝跟鹅肝油。这种现象同样出现在韩国餐厅的烤肉盘上。所以聪明的厨师们想出用一种容易成型的油将两者混合在一起。于是黄油就像一种溶剂，把碎鹅肝跟鹅肝油混合在一起，待冷却之后又可以被方便地切成一片片。而且黄油还可以增加鹅肝酱的“酱香”，人的嘴巴果然就是喜欢油腻的东西呢！

如果不喜欢粉碎肝脏的话，还有一个做法。将雷啸鸟肝表面的皮膜除尽，剖开雷啸鸟肝并去掉血管，撒上盐、胡椒粉、糖、豆蔻粉，约半小时后，把鸟肝切成片，然后放进黄油里，待腌渍到肝脏的外部变成褐色，中间依然保持粉红色，此时就可以把鸟肝取出来，然后烤熟。盘子里剩余的黄油中加上少量的马尔萨拉酒，用小火加热，并用木勺不断搅拌，当混合物稍微减少时，把它浇到鸟肝上，同样大功告成。

步骤一 STEP 1

将雷啸鸟肝表面的皮膜除尽，剖开雷啸鸟肝并去掉血管。

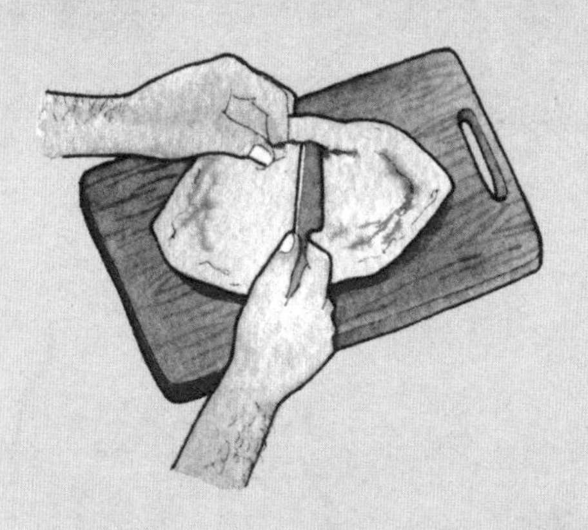

步骤二 STEP 2

撒上盐、胡椒粉、糖、豆蔻粉。

步骤三 STEP 3

约半个小时后，把鸟肝切成片，然后放进黄油里，待腌渍到肝脏的外部变成褐色。

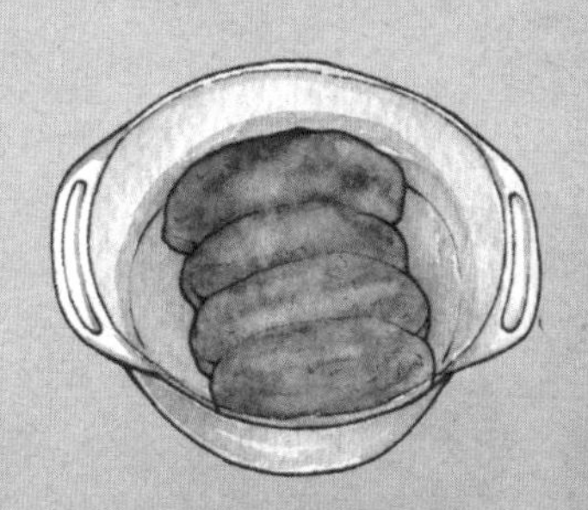

步骤四 STEP 4

把腌渍成褐色的鸟肝取出，烤熟。

步骤五 STEP 5

盘子里剩余的黄油中加上少量的马尔萨拉酒，用小火加热，并用木勺不断搅拌，把它浇到鸟肝上，大功告成。

恐龙蛋要溏心才好吃

DINOSAUR EGGS: A DISH BEST SERVED SOFT-BOILED

窃蛋龙蛋有近20厘米长，作为“前菜”，个头有些大。伤齿龙蛋的长径11～15厘米，短径4.8～7厘米，这个大小就恰恰好。

鸡蛋，最平凡的食材

鸡蛋在中国古代文化中是生育与生命的象征。传说中，“天地混沌如鸡子，盘古生其中”，这是开天辟地的盘古的来历。商的始祖——契，“见玄鸟堕其卵，简狄取吞之，因孕”而生。秦之始祖——大业同样也是“玄鸟孕卵，女吞之”而受孕。诸如此类的传说比比皆是。如今，不少地方还保留着在清明节（有的地区则是在农历三月三）吃鸡蛋、撞鸡蛋的习俗，寄寓着我们对生命、生育的敬畏与崇信之情。

在西方国家，蛋更是象征着新生命的开始。在仅次于圣诞节的重大节日——复活节，彩蛋可是最典型的象征。吃复活节蛋喻复活再生之意，鸡蛋成为新生命的象征。2010年的复活节，我是在加拿大度过的，同窗好友Scott的妈妈从美国快递来了一大箱彩蛋，敲开来，有真鸡蛋，有巧克力，更有塑料小恐龙，真是一位心思细腻的好妈妈。

自古以来，蛋是最平凡的食材之一，做法虽五花八门，却仍有精妙留存。前段时间，美国纷纷扬扬流传着“天价早餐”和“最贵煎蛋”，直指纽约曼哈顿Le Parker Meridien酒店的诺玛餐厅。餐厅推出的天价早餐即意式焗蛋饼(Zillion Dollar Frittata)，标价1000美金，非常昂贵。它是由数片炸土豆打底，鸡蛋6只拌香葱1汤匙，加龙虾一尾取肉，黄油15汤匙，鲜奶油5汤匙，煎成蛋饼，盖鱼子酱10盎司。这并不是做蛋的最佳手法，这道菜的价值几乎全在所盖的闪光鲟（*Sevruga*）鱼子酱上。

那么，蛋要怎么吃才是最棒的呢？这自然是千人千种爱，但真正的精致见于平凡。这里推荐英伦吃法，也就是蛋杯或煮蛋杯。

蛋杯的做法并不复杂，在一个形似酒杯的小杯子上，把煮好的鸡蛋小头朝下放入杯中，大头正好露在杯外。试想一下，在一个薄雾的清晨，经过夜之喧哗，忽见蛋杯上架着一只溏心水煮蛋，空气中弥漫着鸡蛋那诱人的香气，一定会让人禁不住食指大动吧。吃时先用刀背在蛋上方敲出一圈裂痕，剥下蛋壳露出水水的蛋黄，撒上一点粗海盐，用小匙轻轻挖着吃。

煮蛋杯是另一种吃法，更为“奢华”一点。选一个英国皇家伍斯特(Royal Worcester）的白瓷煮蛋杯，先用黄油在杯子的内部抹一遍，把蛋打进去，再加一点盐和辣椒粉调味。盖上旋拧式金属盖，密封。将煮蛋杯放入锅中，水要淹没杯子，滚6分钟即可。如果中意的话，还可以按个人喜好加入碎鱼片、芝士、香料等。

从鸡蛋到恐龙蛋

如果让我们的思维从鸡蛋发散到恐龙蛋，你会发现煮恐龙蛋吃不是一条不可能的道路。恐龙与鸟的关系，如今已经剪不断，理还乱。不少古生物学者坚信，鸟类就是由恐龙的一支演化而来。恐龙蛋则是恐龙研究中一个非常有趣的分支。

恐龙蛋的科学发现历史至少可追溯到1869年，法国学者第一次发现了疑似恐龙蛋壳的化石。随后直到1922年，美国纽约自然史博物馆的安德鲁斯率领的中亚考察队来到蒙古恐龙坟场。这支科学史上极为著名的科学考察队发现了人类历史上第一窝确凿的恐龙蛋化石。如今，地球上发现的恐龙蛋及其窝的化石点已经有数百处。其中大部分来自白垩纪，多数集中在中国、蒙古、法国、北美、非洲南部等地。这些恐龙蛋一下子曝光了恐龙母亲和宝宝的秘密。恐龙的窝、蛋和里面的胚胎揭示了恐龙从发育到家庭生活的一切。

古生物学者对蛋化石的研究方式一般是把蛋壳进行切片来研究，这包括了剖切面及弦切面，然后观察其显微结构，根据蛋壳形态及蛋皮内层“乳突层”和外层“棱柱层”的特征来进行分类。目前对于化石蛋皮的结构划分，国内外学者基本一致的意见是：根据所掌握的资料，可将蛋化石分为龟鳖类、鳄鱼类、恐龙类和鸟类这四种类型。

恐龙蛋的形态则可以大体分为圆球形和长椭圆形，长径从几厘米到50厘米以上皆有。其中圆形蛋多数是植食性恐龙留下的，比如鸭嘴龙蛋；长椭圆形蛋多数是肉食性恐龙的作品，比如著名的窃蛋龙蛋、暴龙蛋等。不过，这个规律并非绝对，植食的原角龙的蛋就略长。这些恐龙蛋中最珍贵的要属暴龙蛋，其长径可达40厘米以上。我们之所以能指名道姓说出恐龙蛋的具体归属，主要是因为发现了这些恐龙蛋对应的胚胎，否则我们不可能知道蛋为谁产。

中国是产恐龙蛋的大国，无论在蛋的品种上，还是在数量上都令世人瞩目。著名的产地包括河南西峡，广东南雄、始兴、河源，江西信丰、赣州，山东莱阳，内蒙古二连浩特，湖北郧县等。其中最出彩的要数河南西峡盆地在一个薄雾的清晨，经过夜之喧哗，忽见蛋杯上架着一只溏心水煮蛋，空气中弥漫着鸡蛋那诱人的香气，一定会让人禁不住食指大动吧。吃时先用刀背在蛋上方敲出一圈裂痕。剥下蛋壳露出水水的蛋黄，撒上一点粗海盐，用小匙轻轻挖着吃。

的恐龙蛋化石，此地的恐龙蛋化石最早由河南省地质局12队和中国科学院古脊椎动物与古人类研究所于1974年发现，主要分布在西峡县的丹水镇、阳城乡和内乡县的赤眉乡等地，面积竟超过40平方千米！这些恐龙蛋化石常呈窝状分布，排列有序，每窝10多枚至30多枚蛋，偶尔还有50多枚至70多枚蛋的大窝。

到了1993年6月，西峡盆地已发现的恐龙蛋达数千枚，估计整个分布可达数万枚，其数量之多为世界所罕见。而且，此地恐龙蛋化石原始状态保存良好，基本上未遭后期地质构造运动的破坏。除一些蛋壳受到岩层挤压后底面略有凹陷外，大部分完整无损，这是非常难得的。

令人遗憾的是，1993年至1996年间，在中国开始严厉打击恐龙蛋化石走私之前，大批的恐龙蛋化石以极其低廉的收购价被走私出境，其中最臭名昭著的走私者就是注册于美国科罗拉多州的石头贸易公司。这些所谓的贸易公司大规模地将中国恐龙蛋化石走私出境后，在公开市场以隐瞒原产地的方式在黑市大肆出售，让国际市场上原本珍稀而昂贵的恐龙蛋，变成“白菜”而身价暴跌。

最聪明的恐龙留下“完美一蛋”

恐龙蛋种类千千万万，我们则要开始寻找最合适的恐龙蛋食材。作为前菜，它首先不能太大。寻常的窃蛋龙蛋，有近20厘米长，只有伤齿龙蛋长径11～15厘米，短径4.8～7厘米，这个大小就恰恰好。

伤齿龙（Troodon）是一种富有传奇色彩的恐龙。作为一种小型的兽脚类恐龙，它的样子很像著名的伶盗龙（Velociraptor）。伤齿龙身长约2米，高1米，重达60千克，拥有非常修长的四肢——这显示它可以快速奔跑。它生存于距今约7600万至6500万年前的晚白垩世，它的化石最早被发现于1855年，是北美洲最早发现的恐龙之一。

在已知的恐龙中，就身体和大脑的比例来看，伤齿龙的大脑是最大的，而且它的感觉器官非常发达，因此它被认为是最聪明的恐龙。有些古生物学者认为，伤齿龙的智商与现生鸵鸟较接近，高于现生任何爬行类动物的智力水平。甚至有学者扬言，伤齿龙是能将哺乳类演化速度减慢百万年的恐龙！

近年来，大量的伤齿龙类化石不断被发现，它们多来自美国蒙大拿州的朱迪斯河层与海尔河组，阿拉斯加州的北坡地区，加拿大阿尔伯塔省的马蹄峡谷组以及中国辽西地区。这些振奋人心的新发现包括数个完整的标本，以及保存羽毛的标本、蛋窝、包含胚胎的蛋，甚至还有完整的未成年体。关于伤齿龙类生理结构的研究，现已证实它们与始祖鸟、原始的驰龙类有极相似的生理结构，说明这些动物都是近亲，它们共同形成近鸟类演化支。

其中一件有趣的标本表明了伤齿龙类与鸟类的密切联系。属于伤齿龙类的寐龙（*Mei*）与中国鸟脚龙（*Sinornithoides*）的化石标本都表现出它们将头部埋藏在前肢下方的姿态，证实这些恐龙可能以类似鸟类的方式栖息，这种睡眠姿势减少了表面积，以利于防止体温下降。

1978年至1984年间，古生物学者在美国蒙大拿州山区进行挖掘时，发现了三处恐龙蛋窝遗迹，其中包括一窝排列整齐的伤齿龙蛋。1995年、2000年，中国古生物学者也在河南西峡盆地和广东省南雄盆地发现了类似的蛋窝。这些保存完整的蛋窝中，蛋化石都是垂直或稍微倾斜地竖立在蛋窝中，且蛋的尖端朝下埋在沙土中。

为什么伤齿龙要把蛋插入泥土而非让其平躺呢？这可能是由于伤齿龙蛋

的蛋壳很薄，其厚度仅仅在0.6毫米至1毫米之间，是目前已知的恐龙蛋中蛋壳最薄的。这表明伤齿龙蛋的抗失稳能力很差，如果它们以横卧方式埋在沙土中，容易在很小载荷下因失稳屈曲而破裂。但是，如果把蛋竖立起来埋在沙土中，则抗破碎能力可提高4至5倍。

通过对伤齿龙蛋窝的研究，我们还可以了解伤齿龙的产卵方式。北美蒙大拿地区西部发现的伤齿龙蛋窝每个直径约1米，蛋窝之间的距离为2至3米，每个蛋窝一般有12至19枚蛋，最大的蛋窝含有24枚蛋。所有的蛋都是直立或斜插在泥质灰岩中，这表明当时生活在这一地区的伤齿龙是以干涸了的沼泽或湖底作为产卵的地点。它们可能利用每年某个干燥时期，等那些地势较高的湖底或沼泽地露出水面后，便成群来到那里产卵。伤齿龙会构筑出一个凹坑，看上去就像蜥脚类大恐龙的足迹般，然后把产出的卵直立或稍微倾斜地插入这些含有腐殖质的湿润泥土中。新近的研究表明，雄性伤齿龙，也就是龙爸爸，还会一直在旁边照料蛋蛋们。

中国发现的伤齿龙蛋窝比北美西部的要小得多，每窝只有6至7枚蛋。这些蛋保存在砖红色粉砂岩中，表明以这些蛋化石为代表的伤齿龙是以河湖岸边作为产卵的地点。产卵的过程中，它们会先用爪子在地上刨出一个坑，然后蹲坐下来使身子呈直立或半直立状态，接着把蛋产入松软的沙土坑里，之后再小心地用沙土把这些蛋埋起来。通过这种方式将蛋产入泥土或沙土中，不仅能够防止其他恐龙的盗食，保证恐龙蛋的安全，而且能使蛋处在一个相对恒温的环境里，以便于不久后蛋能够自行孵化。

煮溏心恐龙蛋的种种诀窍

新鲜的伤齿龙蛋可是珍贵的食材，如果用西式煮蛋法的话，那我们有很多不同的做法。

最常见的是连壳煮蛋、水煮荷包蛋（水波蛋）和煎蛋。这几种做法都必须讲究蛋的凝固速度。通常，蛋的凝固温度约为72摄氏度，其中蛋黄凝固温度为65至74摄氏度，蛋清凝固温度为60摄氏度。掌握了这个温度，就可以做出熟度不同的蛋了。将蛋放入冷水中煮，水沸后煮3至4分钟将蛋捞起，就制成2/3的蛋黄呈半熟状的软蛋；水沸后煮5分钟捞起，则制成蛋黄大致成熟的溏心蛋；水沸后煮7至10分钟再捞起就成老蛋了。其中营养状态最好的自然是溏心蛋，此“溏”非彼“糖”，所谓的溏心，是指蛋清凝固，蛋黄呈稠液状，软嫩滑润。

步骤一 STEP 1

煮溏心蛋也有一些小诀窍，首要是蛋从冰箱取出后要让其恢复常温，再放入冷水锅中煮沸，如此蛋壳就不易破裂了；其次是要用中火煮，这样既不会因为大火使蛋壳爆裂，又比小火省时间；最后，如果喜欢蛋黄凝固在蛋清的正中间，你还需要在蛋下锅后用筷子或勺子在锅里不停地往一个方向搅动，直至煮熟。

步骤二 STEP 2

依据个人的喜好，可以煮出不同种类的蛋。如果喜欢吃2/3蛋黄呈半熟状的软蛋，那就冷水放蛋，水沸后3至4分钟捞起。

冷水放蛋，水沸后7至10分钟，煮出的就是“老蛋”。想要吃到美味的溏心蛋，则要冷水放蛋，水沸后5分钟捞起。

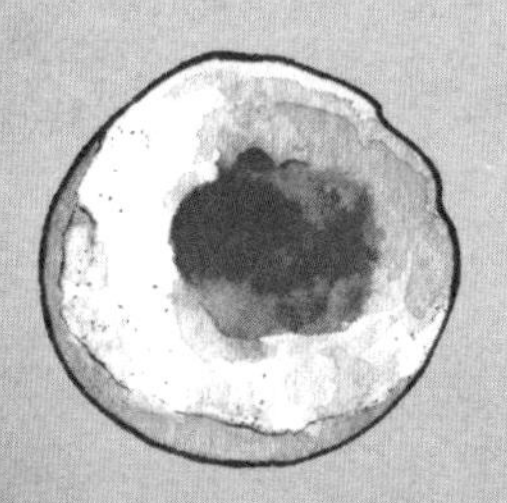
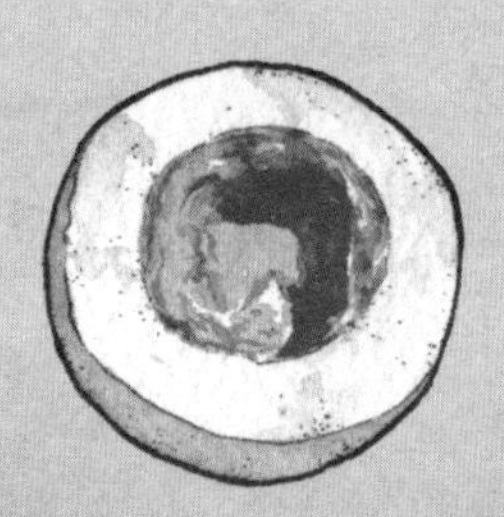
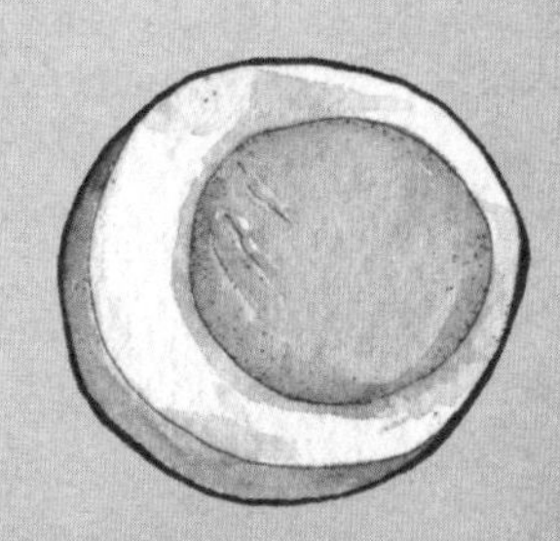

当舌头上的味蕾触及柔软的蛋黄后，滋味已不在口中，而是停留在记忆深处。

吃出浓郁海滋味的熏邓氏鱼

SMOKED DUNKLEOSTEUS: SAVORING THE RICH FLAVOR OF THE SEA

邓氏鱼可能是恐鱼类中的登峰造极者，它出现在晚泥盆世，这段时间正是盾皮鱼纲发展到极致，并高度特化之时。邓氏鱼最长达10.06米，重4吨。

黑黑亮亮的史前“熏鲑鱼”

“盾皮鱼头上的甲胄更为坚硬。为什么本已身披鳞片的鱼会穿上这么笨重的甲衣？我们仅能如此臆测：当大自然为它们穿上盔甲重装，必然是有敌人需要它们防御，而且一直处在战争状态。”

“……它们后部中央的骨板，显然类似于枕骨，非常奇特地装在一个有雕饰的巨大叶片里，就像哥特式城堡的一个较大的叶饰。而腹部末端，应是叶柄的所在，这个强而有力的骨质的突起，其式样就像是一个长矛头饰。”

这段优美的文字出自一位化石猎人之手，他名叫米勒（Hugh Miller），身兼多职，既是化石猎人，又是石匠，还是诗人。正是他，为苏格兰北部奥卡汀盆地（Orcadian Basin）的老红色砂岩层写下了史诗般的纪录。

从19世纪30年代开始，各色各样的人就在奥卡汀盆地采集化石。这里的岩层属于河流相、风成相红色砂岩，砂岩层保存了品相极佳的鱼化石。只要用凿子轻轻揭开岩石，一条黑黑亮亮由磷灰石填充而成的鱼化石就出现在眼前，鱼的躯干甚至可以轻轻拿起！而且双面都保存着鳞片，这不就是亿年前的“熏鲑鱼”吗？这里最上等的化石保存于碳酸钙结核中，有经验的化石猎人能一眼就看出哪些结核含有化石，甚至能辨认出大致的类别，然后一锤子下去，结核应声而开，又一条精美的“熏鲑鱼”到手了。

1841年，米勒出版了《老红色砂岩层》一书，抒情地描述了他住所附近地层中蕴藏着的丰富的化石。与他预料中的一样，这本书一经面世就大受追捧，维多利亚时代的读者都很欣赏这种非常生动的描述。

史前海世界的狠角色

为什么这些盾皮鱼能引起这么大的关注呢？

因为它们看上去就是狠角色！

在距今约4.16亿至3.59亿年前，在被称为“鱼时代”的泥盆纪海洋中，这些狠角色的头部、胸部都被骨质的甲片包裹着，以防备敌手的进攻；躯体的后部则覆盖厚鳞，浑身上下武装得严严实实，让敌人无从下口。更可怕的是它的剪刀嘴，其颌骨前端长有大而锐利的门齿状齿板，边刃锐利，是很有效的捕食装置。这就是恐鱼科动物，它们可以轻易干掉眼前的一切活动物体，无敌于泥盆纪海洋，绝对是原始海洋中的霸主。

在分类上，恐鱼属于节颈鱼类中的盾皮鱼纲。该纲最早化石材料的发现可以追溯到19世纪初期，化石产地主要集中在苏格兰及波罗的海沿岸地区。当然，这些早期的研究仅限于简单的描述及报道，而且这种研究状况延续了很长的一段时期。研究涉及的地区中最著名的是奥卡汀盆地和克利夫兰黑色页岩，它们被奉为“古生物圣地”。

奥卡汀盆地就是米勒战斗的地方，他后来投奔了瑞士的地质学家、博物学家阿加西（Jean L. R. Agassiz），并奉献出自己的全部收藏。阿加西出版了鱼化石学巨著《化石鱼类研究》，描述了当时世界上所有已知的鱼类化石，成为古鱼类学的奠基人。在该书出版后的很长一段时间里，盾皮鱼都保持沉默，直到约30年后，美国克利夫兰黑色页岩才给人们带来新的惊喜。

1867年，美国地质学家特雷尔（Jay Terrell）和他10岁的儿子来到俄亥俄州北面的伊利湖畔度假。伊利湖是美国和加拿大接壤处的五大湖之一，其南岸就是著名的晚泥盆世克利夫兰黑色页岩。细腻的泥岩中保存了大量海洋生物，被称为泥盆纪鱼世界的天然博物馆，原始的软骨鱼类裂口鲨就是在这里被发现的。

特雷尔对这里特殊的地层非常感兴趣，散步的时候经常驻足在岩层边敲敲打打，泥盆纪的霸主耐不住特雷尔的“三顾茅庐”，终于来到人世间。“一对颌骨正在那里沉睡，估计它主人的脑袋至少有1米宽，肯定可以咬碎比人大得多的动物！”特雷尔后来回忆道。

1873年，古生物学者纽伯利（Liognathus Newberry）将特雷尔发现的此种化石命名为特氏恐鱼（*Dinichthys terrelli*），属名意为“恐怖的鱼”，种名“特氏”献给大小两位特雷尔，以纪念这次重要的发现。

1885年，纽伯利又根据在克利夫兰黑色页岩发现的一系列盾皮鱼命名了恐鱼科与恐鱼类，其中包括了特雷尔后来在同一片地域发现的巨鱼。这其中还有一个小插曲，纽伯利命名的恐鱼其实就是米勒1892年曾经命名过的置鱼（*Ponerichthys*，一个奇怪的名字，或许源自他的诗人特质），理论上，根据古生物命名法则，置鱼完全可以取代恐鱼，但由于诗人的置鱼没有模式种，违反了古生物命名法则，恐鱼这个名称得以幸存。

巨大而凶猛的恐鱼也不寂寞，1956年，古生物学者莱曼命名了酷似恐鱼的间邓氏鱼（*Dunkleosteus intermedius*），属名献给古生物学者邓克尔（David Dunkle），意为“邓克尔的骨头”，国内学界一般译为邓氏鱼。从骨学上讲，恐鱼与邓氏鱼非常相似，甚至有不少古生物学者认为它们可能是同一种动物，特氏恐鱼后来也并入该属，成为特氏邓氏鱼（*D. terrelli*）。从化石保存角度来看，邓氏鱼的标本要更加完好、丰富一些，这为我们提供了更多的信息。

脊椎动物史上咬合力最强的动物

邓氏鱼可能是恐鱼类中的登峰造极者，它出现在晚泥盆世，这段时间正是盾皮鱼纲发展到极致，并高度特化之时。邓氏鱼最长达10. 06米，重4吨，化石发现于北美、摩洛哥、比利时和波兰等地。从沉积学看，它多生活在近海水域中，古生物学者还不知道它是否有能力游到远洋。

如果愿意的话，邓氏鱼能够像一台粉碎机般，吞下它遇到的任何活物。

它的食物包括甲壳类、菊石、鲨鱼，甚至包括同类。其中的甲壳动物虽然都有几丁质的外骨骼来保护自己，看似坚固，但在邓氏鱼面前仍然不堪一击，只听见“咔吧”一声，精美的铠甲就全被压碎了，柔软的肉体被邓氏鱼吞进肚子，成为一顿高蛋白的营养餐。

邓氏鱼可能还是一个暴饮暴食之徒，它吃得又杂又快，对食物毫不讲究，而且不怎么咀嚼，难道它就不担心自己消化不良吗？这个观点源于在一些邓氏鱼化石上发现有回吐的、半消化的鱼类遗骸。不过，世间万物有利就有弊，有得就有失。邓氏鱼身上披着厚厚的盔甲，看上去虽孔武有力，但游泳或行动力却可能比较笨拙迟缓。不过，邓氏鱼的化石一般只保留了身体的前半部，即脑袋与胸甲，而其他部分仍旧不为我们所确切知晓，所以其游泳能力到底如何，现在下结论还为时过早。

长期以来，有的古生物学者认为邓氏鱼可能会面临来自鲨鱼的攻击，时值鲨鱼刚踏上演化之路，它们体形小，行动敏捷，如果群起而攻之，邓氏鱼可能难以支撑。这个假想也许是受了现生鲨鱼群围攻鲸鱼的启发，但邓氏鱼绝非善茬，又不是憨憨厚厚的须鲸，岂会束手就擒？所以鲨鱼群与邓氏鱼的战况暂且还是未知数。不过，如果让邓氏鱼与鲨鱼单挑的话，不用比试就可分胜负，毕竟它们实力悬殊。

2006年一项对邓氏鱼的研究，彻底震住了普罗大众。当年，美国芝加哥菲尔德自然史博物馆的威斯特尼特和芝加哥大学地球物理系的安德森对邓氏鱼的头胸部进行建模，并得出结论：独特的头骨构造、与众不同的肌肉组织，使邓氏鱼成为有化石记录的动物中真正顶尖的掠食者之一。

基于工程学原理的生物力学模型经常被用来测试鱼类头骨功能，比如头骨结构和动物自身食谱的关系。而后，生物力学模型也被用在一些灭绝动物身上，只要化石足够完整，就可以得出有用的结论。威斯特尼特在盾皮鱼类中选择了邓氏鱼为模板，制作了精巧的生物力学模型，然后运用工程学原理来分析邓氏鱼对外界刺激所作出的反应。

威斯特尼特对一条长6米、重1吨的邓氏鱼之颅骨、下颌、胸、轴上肌、颌降肌、颅降肌和下颌收肌进行解剖分析后，精确制造出一个力学模型来模拟其头骨的运动方式和咬合力。这个模型名为“平面四杆机构”。

通过模拟得知，这种平面四杆机构的应用，对邓氏鱼张开颌部这一动作具有高速传动作用，从而产生一个快速的扩张的过程，类似于现生鱼类的摄食过程。邓氏鱼从开启嘴巴到嘴巴张到最开这个过程仅需20毫秒（1/50秒），并可以在50～60毫秒内完成一次“张嘴一闭嘴”的摄食周期，这种极高的摄食速度完全可以媲美现生鱼类。

也就是说，在短短的1/50秒内，邓氏鱼就可以张开血盆大嘴，并产生一股强大的吸力，快速将猎物纳入口中。通常，一种鱼类要么具有强大的咬合力，要么就是吞噬速度极快，极少有两者兼备的，邓氏鱼就是这个特例。

此外，邓氏鱼还是脊椎动物史上咬合力最强的动物之一。从骨骼模拟得知，一条长10米、重4吨的大型邓氏鱼的锋利齿板能够在单位面积内产生极高的咬合力，这些力量集中在齿尖的一小块面积，相当于6吨/平方厘米。纵观现生物种中，普通的美洲鳄的单位面积咬合力最为强大，可达963千克/平方厘米，鲨鱼约136千克/平方厘米，人类约77千克/平方厘米，拉布拉多犬约57千克/平方厘米，这些都不足以与邓氏鱼相提并论。

如此强大的单位面积咬合力使邓氏鱼能咬破、咬碎坚硬的物体，譬如鹦鹉螺和菊石。纵使是鲨鱼，在邓氏鱼强大的咬合力前也将不堪一击。邓氏鱼稍微用力一咬，鲨鱼就会随之断成两截。威斯特尼特开玩笑说："如果邓氏鱼的咬合力在水中四散，它的力度甚至能把鲨鱼震出水面。"邓氏鱼捕食这些游动的、坚硬的猎物自然需要高速有力的咬合力，这个需求恰好符合威斯特尼特的模型数据，再次证明了邓氏鱼确实是脊椎动物史上最顶尖的捕食者之一。

熏了它！熏了它！熏了它！

如果有一条硕大的、八到九米长的邓氏鱼放在我们面前，我们该如何烹饪？中国人可能会想出上百种方式，美国人则可能就是烤鱼块一条道走到黑。而曾经在加拿大生活过一段时间的我，此时脑海里只有一种声音：熏了它！熏了它！熏了它！

熏鲑鱼是加拿大的头号特产，我已经吞了无数，那微辣而坚实的口感，给了我宁可颞颌关节紊乱综合征（英文简称TMD）复发，也要与食物作战的勇气。

鲑鱼（*Char*）其实是一种统称，还包括三文鱼（*Salmon*）和鳟鱼（*Trout*），这是一类非常有名的溯河洄游鱼类，它们会成群结队地在淡水江河上游产卵，形成壮观的景象。

我第一次膜拜到鲑鱼本尊是在东京筑地（Tsukiji）鱼市，个头不大的鲑鱼堆得像小山似的，各餐厅的老板正在用挑剔的眼光审视着。此后到了加拿大，我每年都去围观不列颠哥伦比亚省壮阔的鲑鱼群。其中，2010年的鲑鱼大洄游打破了百年纪录。根据太平洋鲑鱼委员会的最新抽样捕捞估算，2010年弗雷泽河（Fraser River）的红鲑（*Sockeye Salmon*，俗称红大马哈鱼）洄游量会超过2500万条，达到自1913年以来的最大规模。

不过，这些鲑鱼从太平洋溯流入河，历经千辛万苦返回淡水故乡产卵，迎接它们的却是老鹰的空袭、灰熊的捕食，对它们望眼欲穿的人类所布下的渔网。即使侥幸逃过，由于一路不进食不休息，顶风破浪游回到故乡的幸运儿也将在产卵受精后筋疲力尽地死去。

在这段旅途中，鲑鱼还会变换体色，头冠呈翠绿色，身体从银蓝色变成赤红色。它们日常每小时35千米的游速在繁殖季节会猛增到每小时50千米以上。不但如此，它们简直到了“佛来斩佛，魔来斩魔”的境界，不但勇敢地与天敌搏斗，就算遇到瀑布激流也能一跃而上，蹿升出令人无法想象的高度。它们为了积蓄力量，拼命储存脂肪，这也是大洄游鲑鱼无比鲜美的原因之一。

鲜美的鲑鱼类产品是加拿大名产，食法多样，千变万化。烤、煎、煮、烟熏或腌制，特色各异。加拿大人喜欢生吃烟熏或腌制的三文鱼，比如熏制鲑鱼、熟烟熏鲑鱼、印第安风味鲑鱼块、鲑鱼干，等等。

步骤一 STEP 1

一旦决定如法熏制邓氏鱼，我们的第一道工序就是先起出背柳，这是烟熏鱼最好的部位。如果邓氏鱼背柳太厚，还可以切成与牛排相当的厚度，然后洗净鱼肉，夹出鱼刺，抹干水分，再将纯正的加拿大枫糖、精选的黑胡椒粒、大粒海盐、鲜茴香等辅料拌匀，均匀地抹在邓氏鱼鱼肉上，冷藏腌制数日。

步骤二 STEP 2

腌制后取出，放置在铁网上，找到加拿大本地常见的赤杨木（Alder）嫩枝（橡木、山毛榉、蛇麻草、苹果树等各种果木也都是很好的烟熏材料）架成堆状，点燃后等待火儿烧大时，再撒上一层果木灰，开始烘烤。此时一定要让铁网痕迹烙在肥硕的鱼排上，这才正宗。火候也要恰如其分，才能让鱼肉外焦里嫩。如果能进入烟熏屋制作，效果自然更好！在烟熏过程中，邓氏鱼原有的水分慢慢风干、收拢凝聚在鱼肉中，枫糖和鱼肉则可以完美地融合，香味非常浓郁，口感甘甜绵长。

步骤三 STEP 3

这样制作出来的熏邓氏鱼可以有多种食用的方式，尤其适合作为开胃菜摆上餐桌：将熏邓氏鱼以45度角斜切成薄片，在薄薄的鱼片上洒上各种佐料和蔬菜色拉，或佐酒凉拌，或搭配面包都可以。心灵手巧的你此时还可以把熏邓氏鱼片卷成玫瑰花的形状，立于餐碟上，再往上面挤一点柠檬汁，风味绝佳！

步骤四 STEP 4

最后再送上一个相当特别的熏邓氏鱼吃法——将一大块黄油放入锅内化开后，炒香少许迷迭香跟黑胡椒，冷却至微温；找一个玻璃罐，塞满3/4瓶的熏邓氏鱼片，将微温的黄油倒入罐中（要没过邓氏鱼），放入冰箱冰存一两天；如此之后可以把黄油抹到烤面包上，会得到超乎你想象的美味！

如此一来，你就可以把整个泥盆纪的鲜美海滋味打包，呼朋唤友一起享受了。

CHAPTER 3

汤

这道汤的汤色白润，无柄银杏果清香软糯，

夹起小盗龙腿，只品得肉质爽甜，

结实入味，不失滑溜。

吃完龙肉再饮龙汤，醇香顺喉，回味无穷。

这种双双来自原产地的银杏与龙之搭配，

可谓是尽得辽西食材之精髓，

一定会是一道让人难忘的美味，

现在就来美美地盛上一碗吧！

辽西食材之精髓，白果炖小盗龙

GINKGO NUT MICRORAPTOR SOUP: THE ESSENSE OF WESTERN LIAONING CUISINE

顾氏小盗龙（*Microraptor gui*）是一种身长55至77厘米的小型恐龙，属于兽脚类驰龙类。试想一下，亿年前的辽西，翠绿色的林地，一只只长着四个翅膀的顾氏小盗龙在高大的无柄银杏林间滑翔、捕猎、求偶。

银杏叶上的科学精神

小时候，白果在我心中是糯糯的家庭记忆。只有在过年时祭祀祖先之后，才能讨得一小碗由白果、桂圆、百合制成的甜品。我会把碗中的“三路诸侯”分而治之，最喜欢的白果往往留在最终的会战中消灭，以体会那种满口醇香、柔和细腻的感觉。

长大后，白果在我心中是科学精神的激荡。那一年，我与画师合作，为美国纽约自然史博物馆孟津老师主导研究的、最早会飞的哺乳动物——翔兽（*Volaticotherium*）制作复原图，后来还被Nature（《自然》杂志）选用为封面。翔兽复原图的背景便选用了银杏（*Ginkgo biloba*），我们为此参考了现生银杏的枝干与叶片。最后定稿时，孟津老师特意来信要求更正银杏叶，因为侏罗纪的银杏叶有多个开裂，显手掌形，并非今天的扇形。孟津老师用这种即便是图片背景也追求最精准的科学之精神，给我上了宝贵的一课。

银杏在我国堪称国树，不但因其野生种群仅残存于我国，而且其人工栽种也至少有三四千年的历史。唐宋年间，银杏已经常见于民间。欧阳修曾有《鸭脚》诗：“鸭脚生江南，名实本相符。绛囊因入贡，银杏贵中州。”其中这个鸭脚，就是指银杏叶子的形状。此外又因雌树盛产果实，种仁色白如银，形似小杏，元代后又谓之白果树。至明代，银杏树又有了新的名称，叫“公孙树”，所谓前人栽树，后人纳凉，公公种下而孙儿得食。

银杏已经走过了2.7亿年

银杏还是著名的活化石，是距今2.7亿年前早二叠世残留下来的孑遗植物，化石最初发现于法国南部，被描述为毛状叶（*Trichopitys*）。在二叠纪—三叠纪灭绝事件中，银杏类植物濒临灭绝，直到晚三叠世才得以恢复发展，并在之后的侏罗纪和早白垩世达到了鼎盛。除了赤道地区和南极洲之外，银杏广泛分布于世界各大洲。当被子植物于早白垩世迅速崛起后，银杏类与其他裸子植物一道急剧衰落，慢慢绝迹。几个世纪以来，银杏一度被认为在野外已经灭绝，但后来在中国浙江省的天目山保护区中发现了两个原生的族群，才基本了结了这桩悬案。

在分类上，银杏更是高至“门”之级别，从银杏门、银杏纲、银杏目、银杏科、银杏属一路下来，名门观念极强。如今，银杏已经是东亚及欧美各国十分常见的行道树，其独一无二的扇形叶令人印象深刻。如果细看银杏的叶脉，便会发现它的叶脉彼此之间不平行，却也没有交错，每一条叶脉都呈“Y”字形，这种脉形在植物学上被称为分叉状脉（dichotomous venation），在种子植物中是极其罕见的。

不过，光看银杏的叶子，确实很难让人联想到银杏其实是裸子植物。银杏的白色果实，理论上只能算是种子，橙黄色的果肉状外皮其实是银杏种子的外种皮特化而成，外种皮内还有白色的中种皮及膜质的内种皮。银杏的种子，也就是白果，是著名的食材，有镇咳清肺的疗效，但是其种皮却有毒而不可生食。

中国著名的银杏化石主要来自河南与辽宁省。1989年，江苏煤田地质勘探四队的章伯乐工程师在河南义马，距今约1.7亿年前的中侏罗统地层中发现了银杏化石，后来由中国科学院院士周志炎描述为义马银杏（*Ginkgo yimaensis*），它被认为是世界上已知最早、保存最完整的银杏化石。此后，距今约5600万年的古近纪铁线蕨型银杏和第四纪银杏化石也陆续被发现，但白垩纪银杏化石却一直没有得到确认，被称为“银杏演化史中一个缺失的链环”。

直到2003年，周志炎院士和合作者——沈阳地质矿产研究所郑少林研究员描述了距今1.2亿年前，早白垩世热河生物群的具有繁殖器官的银杏化石——无柄银杏（*Ginkgo apodes*）。无柄银杏的形态介于已知最古老的银杏和现生银杏之间，这一研究终于填补了银杏演化史中的这段亿年空白，成为世界古生物发现史中的一个里程碑。

我曾经在科研机构里见过无柄银杏的化石，只见这些叶子有着五六个裂片，种子则三四成群地集中在一个果柄上，与今日之形态果然大不同。这批珍贵化石之所以能保存得如此完好，其发现地点，也就是著名的辽西地区绝对值得大书特书。

得益于频繁的火山活动，中国的辽西地区成为研究古生物的经典地区，这里的动植物周期性地被火山喷出物与河流、湖泊的沉积物所覆盖，一层层细腻如脂的页岩保存了大量极为精美的化石，成就了一座举世罕见的中生代化石宝库。

这里不仅化石数量丰富，而且保存得十分完整，特别是以化石中保存了许多生物的软体组织特征而闻名于世。如在恐龙、鸟类、翼龙和哺乳动物的化石中发现了羽毛、毛状物和毛发，一些动物化石甚至保存了皮肤印痕、软骨结构、指甲印痕等珍贵的信息。大量化石还保存了动物胃部的残余物，包括动物的骨骼、鳞片、植物的种子等；此外，还保存了许多昆虫和无脊椎动物的翅膜特征。在古生物学者的悉心研究下，这些动植物一次次焕发生机，并最终在亿年后将自己展现在我们眼前，这是一个个吸引眼球而又充满幻想的时刻，仿佛瞬间，石头上的精灵都复活了。

现在就让我们到实地看看，在辽西地区那鸟语龙啸的茂密无柄银杏林中，有什么好食材可以选择。

匪夷所思的四翼飞天恐龙

清晨的阳光正投射在距今1.2亿年前的古辽西大地上，无柄银杏舒展开它的扇状叶，轻轻柔柔的小扇密密匝匝，恰好挡住了阳光的肆意，只剩下一些珍珠般的光斑射入幽暗的森林中。

一阵“沙沙”声由远及近，那是动物闯出地面落叶层的声音，一只棕灰色的小蜥蜴突然出现在我们眼前，它的身体左右扭动，呈现出S形，并飞快地向树上窜去。

“噗……”一个沉闷的声响从树梢发出，只见一只黑白相间的小恐龙展开四片翅膀，由上空扑下。它并不怎么鼓动翅膀，而是靠翅膀来微调滑翔的角度，以迅雷不及掩耳之势来到小蜥蜴跟前。借助这飞行的惯性，它脚上第II趾的锋利“杀手爪”瞬间扎透了猎物，猎杀得手了。

这位猎手就是著名的“最会飞行的恐龙”——顾氏小盗龙（*Microraptor gui*）。这是一种身长55至77厘米的小型恐龙，属于兽脚类驰龙类，发现于辽宁省大平房镇九佛堂组波罗赤层。化石由中国科学院古脊椎动物与古人类研究所的徐星研究员描述，其种名“顾氏”赠与中国科学院院士、古生物学者顾知微先生。

顾氏小盗龙的出现颠覆了人们对恐龙的认识。在20世纪90年代，随着中华龙鸟、原始祖鸟等带羽毛恐龙的发现，关于恐龙与鸟亲缘关系的一扇全新大门展现在人们的面前，恐龙没有羽毛以及不能像鸟那样飞翔的迷思被打破了。但是直到顾氏小盗龙横空出世之前，没有人能想到恐龙真的可以飞行，更没有人能想到脊椎动物中还有哪种动物会具有四个翅膀的结构。

早在1915年，美国生物学家、探险家、纽约动物园鸟类馆馆长毕比（Charles W. Beebe）曾提出鸟类演化包括了一个四翼阶段，顾氏小盗龙的发现恰好验证了这一假说。顾氏小盗龙至少是鸟类的一种祖先形态，它用四个翅膀滑翔。这四个翅膀或许是完美的滑翔器，却不是理想的飞行器；为了更好地飞行，它们的后翼渐渐退化，并学会了拍动前肢，变成后来的鸟类。

古生物学者之所以认定顾氏小盗龙是树栖性恐龙，除了爪子的弯度等专业研究之外，确实也难以想象顾氏小盗龙拖着两脚羽毛在地面狂奔的场景。那岂不是如同叫一个跨栏选手穿着长裙礼服去比赛一样——肯定会被绊倒的。

树栖性顾氏小盗龙在日常的滑翔中，是如何使用它的四个翅膀呢？前翼自然不必多说，这与现生绝大多数鸟类对翅膀的使用方式一样，所有的悬念只集中在后翼上。一部分学者认为顾氏小盗龙采用了前后翼同时或者交替拍打的飞行方式，后翼能够很好地控制飞行的方向。另一部分学者则认为顾氏小盗龙的后翼无法拍翅飞行，因为它后翼的羽毛是长在胫骨一侧的，所以这对后翼不能拍打，只能滑翔。但是，如果从空气动力学上看顾氏小盗龙，古生物学者断定它的后翼在滑翔中用处不大，更大的作用应该体现在调节体温或装饰上，因为浓密的羽毛可以保暖，花纹可以作为在丛林中生活的保护纹或者保护色。

不过，在2005年，得克萨斯州科技大学的古生物学者加特尔吉与航空学工程师坦姆林提出了一个新的理论。加特尔吉指出，顾氏小盗龙各根长羽的前缘比后缘狭窄，这样形成的流线型有助于更好地飞行。其腓骨上的羽柄（羽轴下段半透明的部分）深插入皮肤中，垂直于体背，这可在捕杀猎物的时候起到“减速刹车”的作用。而顾氏小盗龙每个羽支向两侧发出许多羽小支，一侧的羽小支上生有小钩，对应一侧的羽小支上有槽，使相邻的羽小支互相勾结，形成结构紧密且具有弹性的羽片，这能有效阻止飞行中气流对其身体的影响。有了如此精良的羽毛，顾氏小盗龙的后翼就不再沉默，它完全可以有效地控制飞行。

坦姆林指出，在滑翔中，顾氏小盗龙的后翼呈“Z”形横（侧）排列，在前翼下方起稳定作用，这个构造活像一架双翼机。那么，双翼构造有什么优势呢？首先是机动性要比单翼构造好，因为双翼的翼面积大，在同样的飞行条件下，它产生的升力比单翼要大得多，其盘旋和爬高性能也要优于单翼。所以顾氏小盗龙很聪明地采用了这种构造，这比莱特兄弟的“飞行者一号”

还要早1.2亿年，不，应该是早了120001903年。

但随着飞行速度的不断提升，双翼构造会使空气对身体的阻力剧增，反而成为一大缺点，所以由双翼向单翼变革就势在必行了。所谓的单翼构造，可以在孔子鸟等古鸟身上看到。但这并不表示孔子鸟为了高速飞行而舍弃了机动性，而是孔子鸟的身体构造已经比顾氏小盗龙更加适应飞行，比如更发达的前肢、与现生鸟类无异的尾部等，都可以为飞行提供更大的动力。

试想一下，亿年前的辽西，翠绿色的林地，一只只长着四个翅膀的顾氏小盗龙在高大的无柄银杏林间滑翔、捕猎、求偶。这些小动物看起来是那么的敏捷和优雅，那黑白相间的飞羽、点缀着几撮火红色的头羽，在阳光的照耀下熠熠生辉，着实是大自然中最优美的生灵之一。

吃完龙肉一定要记得饮龙汤

作为会飞行的捕食性恐龙，顾氏小盗龙与其他食材有着极大不同，由于经常飞扑走动，皮下脂肪日少，拿来烹饪的话就不会觉得肥腻。不过这种恐龙的尾巴基本没有多少肉，其中骨化的筋腱发达，那是用来“绷直”尾巴的，所以烹饪的时候直接把尾巴剁掉就是了。

剩下的肉身可以仿照“吊烧乳鸽”的方式来烹饪。先把小盗龙泡入用龙骨、火腿、干贝、老汤、香叶等炮制的“浸水”里；浸完之后，再风干两三个小时，然后拿去吊烧。最后上桌的“乳小盗龙”，线条优美、口感筋道、皮肤光滑、皮香肉脆。建议大家吃的时候一定要原只上桌，直接下手分解而食，这样才能体会到肉汁四射的惊艳。

除去吊烧，小盗龙更适合煲汤，而煲汤的另一个主角，便是来自同地区的无柄银杏，让我们也来一次某种意义上的“原汤化原食”。

银杏果营养价值高，含蛋白质、脂肪、维生素和矿物质，并有微量氢氰酸成分。它加工起来尤其麻烦，首先须将连壳的无柄银杏果用清水煮滚，滚至熟后倒入竹箕，打破壳，把肉开成两边；再用沸水滚银杏肉，然后倒入盆内用冷水浸洗，用手摩擦漂水，去净心和外皮；再次用水滚过，漂凉，浸水（要浸水5小时），这样重复几次才能漂去苦涩味。

准备好无柄银杏果之后，就要料理小盗龙肉了。按照下面的步骤，就能得到美味的“无柄银杏果炖小盗龙”汤了。

这种双双来自原产地的银杏与龙之搭配，可谓是尽得辽西食材之精髓，一定会是一道让人难忘的美味，现在就来美美地盛上一碗吧！

步骤一 STEP 1

将小盗龙除去内脏，洗净晾干，去掉头尾，切件分成双翅、双腿、颈脖与中段；炒锅加油，将小盗龙块扑上生粉，烧热油炸至微黄色后捞出沥干，这样用油炸透龙肉块可逼出脂肪，同时使其肉质变松，烹饪时更易吸收汤汁精华而入味。

步骤二 STEP 2

砂锅加水烧开，放入葱节、姜片、陈皮丝、冰糖、龙肉块，然后把浮沫、浮油撇掉，改用小火；待煲到肉色发白时，加入此前准备好的无柄银杏果，煲至肉酥烂即可，起锅时才调味。

步骤三 STEP 3

这道汤的汤色白润，无柄银杏果清香软糯，夹起小盗龙腿，只品得肉质爽甜，结实入味，不失滑溜。吃完龙肉再饮龙汤，醇香顺喉，回味无穷。

奶白色的韩式鹦鹉嘴龙尾汤

PSITTACOSAURUS TAIL SOUP-A CREAMY KOREAN DISH

鹦鹉嘴龙的“托儿所”

破晓，一道火亮的霞光划破地平线，瞬间穿透了辽西的茂密森林，拜拉树和短叶杉被扫红了一片。森林的草香、湖泊的水汽，都是那么沁人心脾，距今1.1亿年的早白垩世辽西开春了……

森林深处的寂静被一连串尖叫声打破。一棵倒在地上的巨大的裂鳞果已经开始冒出蘑菇，枯枝上缠满了绿油油的买麻藤。在裂鳞果的另一边，茂密的锥叶蕨中，约40个小家伙正挤在一起嬉戏打闹着，这里是一群小鹦鹉嘴龙的“托儿所”。像所有角龙类一样，鹦鹉嘴龙也是群体生活，每个种群组成一个小社会，共同照顾幼崽，共同御敌。小鹦鹉嘴龙刚生下来时又小又弱，长得也比较慢，如果离开父母，它们就会受到肉食动物的袭击。但是它们的父母经常需要外出觅食，所以幼龙托儿所就应运而生了。

中午时分，外出觅食的鹦鹉嘴龙陆续归巢。幼崽叽叽喳喳，争相叫着闹着来吸引父母的注意力，保姆则忙着维持秩序，小小的托儿所热闹极了。保姆这个角色通常由未成年的雌龙来担任，要求精力充沛且警觉性高。仔细看它的前肢，其长度只有后肢的一半多一点，这表明它们是几乎完全二足行走的恐龙。

托儿所的编制除了保姆，还有担任警卫的雄性鹦鹉嘴龙，此时它正站在近处一棵罗汉松树下。这是一只完全成年的鹦鹉嘴龙，长约1.8米，高约1米。骄阳下，这个精神抖擞的哨兵时刻注意着任何可能靠近的威胁。它用后腿直立在附近的树桩上，长尾巴进行微小的摆动以便能平稳地站立，同时警觉地聆听着最细微的响动，脑袋前后快速转动以察看周围环境。

此时，大多数小鹦鹉嘴龙正埋首在灌木丛中，“喀吧，喀吧”吃着蕨类植物的嫩叶。突然，哨兵感觉到巢穴的外围有些异动，它一转身，只见一团黑乎乎的影子正在悄然靠近，这是一只爬兽！它正准备挑衅护卫小鹦鹉嘴龙的哨兵。这是一种相对大型的哺乳动物，躯体较长，四肢短而粗壮，呈半直立状行走，有点类似于现生的澳洲袋獾。其杀手锏是头骨上那硕壮尖利的门齿，发达的颞肌加上下颌深凹的咬肌窝则表明它具有很强的吞咬能力。

见有入侵者，保姆低声发出警报声，想把幼崽都聚集起来，但幼崽们惊慌失措，慌不择路。情急之下，哨兵只身逼向爬兽，爬兽警惕地停在原地，咧开嘴角露出牙齿，发出了“呜呜”的恐吓声。哨兵小心翼翼地盯着爬兽，它深知被这家伙咬一口也不好受。就在这对峙的时刻，另一只稍小的爬兽从侧面的树荫里闯出，把保姆撞了个趔趄，瞬时叼起一只惊慌的小鹦鹉嘴龙，口中交错的牙齿很快就让猎物不再痛苦，并很快又遁入林中。

被撞倒的保姆挣扎着蹦了起来，龇牙咧嘴对着凶手逃跑的方向惨叫了几声，但一切为时已晚。就在爬兽与哨兵的冲突即将发生之时，外出觅食的鹦鹉嘴龙群及时赶回，迅速投入战斗，爬兽很快被撵走。这仅仅是这个小小的托儿所日常运作中的一个小插曲，平时各种掠食性恐龙、哺乳动物会不断对它们发起攻击，以致这群小鹦鹉嘴龙最后只有少数能幸存下来，直至成年。

这种鹦鹉嘴龙托儿所在辽西地区相当常见，有很多化石证据保存了下来。2004年9月出版的《自然》杂志曾报道热河生物群中发现了一件鹦鹉嘴龙幼体的聚集标本，这块只有0.5平方米大小的泥岩中，竟包含着34只小鹦鹉嘴龙和一只大鹦鹉嘴龙的化石！这件鹦鹉嘴龙聚集化石保存得如此完好，是突然非正常死亡并被快速埋藏的结果。其罪魁祸首应该是火山爆发形成的火山碎屑流或火山泥流，它们迅速掩埋了在湖边生活的鹦鹉嘴龙群。这也是热河生物群诸多化石的主要保存方式之一。

长着鸟喙的小“石狗”

因为体形很小，又呆呆傻傻有些可爱，辽西当地贩子经常把鹦鹉嘴龙称为“石狗”。不过石狗却有着一张“鸟喙”，这张角质巨喙，其形态和功能与如今鹦鹉的喙部极为相似。巨喙能帮鹦鹉嘴龙咬断并切碎植物的叶梗甚至坚果，这个巨喙的巨大咬力超乎人们的想象。现生鹦鹉经常有咬断竹笼逃走的“事迹”，放大到近2米的鹦鹉嘴龙，其咬力可想而知。而巨喙如此发达的原因在于其头盖骨背后有骨脊，可以固定大块而强有力的肌肉。除了巨喙，鹦鹉嘴龙上下颌每侧还各有7至9颗三叶状颊齿，牙齿质地光滑，切割能力强。

迄今为止，鹦鹉嘴龙已经发现了至少10种，可能是恐龙家族中单一属拥有最多种的恐龙。如此庞杂的种往往意味着一个现状，即化石的大量发现。事实也如此，从西伯利亚南部到中国北部，可能还有泰国等地的下白垩统沉积中，都已发现了鹦鹉嘴龙的化石，而其中的中国辽西地区，更是密集地、成千上万地发现——我亲眼所见的，就不下数百只。

虽然鹦鹉嘴龙并不如它的远亲三角龙那样，受到媒体和大众的追捧，但由于它们拥有极其丰富的化石资源，使得许多研究得以深入进行。比如，从幼体到成年体的不同年龄段的化石，让我们了解到鹦鹉嘴龙的个体发育过程。

辽西地区的一些鹦鹉嘴龙化石还保存了独特的软组织，这件事情可以从2002年一宗著名的化石走私案说起。这其中的主角，便是德国法兰克福自然博物馆，该博物馆严重违反国际惯例，斥资20万美元收购由中国走私出境的鹦鹉嘴龙化石。

一块鹦鹉嘴龙化石价值20万美金？这是为什么？因为这只流落到德国的小“石狗”，其尾巴极不平凡。它尾部的末端有着疑似毛发的丝状物质，也就是有一条毛茸茸的尾巴。尽管古生物学界目前对于这簇丝状物的意义尚不是十分清楚，但最重要的一点是，这种衍生物以前还没有在它所属的角龙类恐龙的化石上发现过。要是能够证明这类物质确实是毛发，那么，它也许很可能代表了所有恐龙的原始特征，这将是能改写教科书的重大发现。

这件标本最初于1998年在美国图桑宝石矿物化石展销会露面。在那儿，化石商把它卖给了一个美国人，后来这个美国人觉得是假标本，又将其退还。之后，化石被卖给了德国化石商莱昂哈特。莱昂哈特曾让一个意大利人把化石拿到意大利的米兰自然史博物馆进行分析，看看这簇丝状物是不是毛发。如果不是，这化石可能不值成交价的1%。鉴定结果存在争议，但倾向于认为是毛状物。

2001年底，这只有着毛茸茸尾巴的小“石狗”被德国法兰克福自然博物馆买下。化石是按分期付款方式，以20万美元成交的。中国古脊椎动物协会曾经就“归还由中国走私出境的鹦鹉嘴龙化石”向该博物馆发出过公开信，但对方理都不理。这真是中国古生物史上悲催的一页。这件标本，目前正堂而皇之地展示在法兰克福自然博物馆，接受着游客的猎奇目光，但其背后却是令每一个中国人都感到心酸的故事。

可媲美牛尾的白垩纪食材

不过，倘若能回到早白垩世，这种小恐龙很可能会成为一种非常家常的食材。它体形适中，活动量大，繁殖率高，满足美味的各种要求。这次我们要用来烹饪的食材，则是它的尾巴。不同于当地肉食性恐龙的尾巴，鹦鹉嘴龙的尾巴并没有太多的骨化筋腱，除了每个尾椎下有着脉弧骨（椎体腹面一根保护内血管、神经的V形骨）之外，与牛尾其实并没有太大区别。

牛尾是牛身上活动最频繁的部位，其肉味最为鲜美，自古以来就是各国人民的美食。新鲜牛尾肉质红润，脂肪和筋质雪白，非常抢人眼球。只见它的一头比拳头还粗，另一头却与食指一般细，边上的肉也由厚到薄。牛尾外面有一层筋膜，肉里布满毛细血管般的脂肪和筋腱。这些脂肪和筋腱调节着干柴般的瘦肉，增添松软和滑嫩。

在中国关中大地，牛尾作为重要的肉食可以追溯到周朝，后来还得到秦始皇的青睐。民间传说，秦始皇统一六国后，一次出巡路上，感到腹中空空，便走进一家饭馆。事有凑巧，这天店里牛肉已卖完，只剩一条牛尾，店主人将它炖在锅里，准备自己食用，此时只得胆战心惊地端出来进献给秦始皇。谁知歪打正着，秦始皇从未吃过这样味美的牛尾，不但不怪罪店主，反而给予重赏。相传牛尾由此“一举成名”后，其做法经历代不断改进，最终成就了陕西传统名菜“红烧牛尾”，并流传至今。

而以牛尾为主角的牛尾汤，更是西餐中的经典汤品。汤中放入西红柿和洋葱，味道非常香浓。简单的步骤是：先炒西红柿，因为茄红素是脂溶性的，要炒后才更有营养，味道也更好；然后用黄油将洋葱和西芹炒香，再放入牛尾和葡萄酒略炒几下，就可放水煲汤了；待牛尾酥烂，便放入炒好的西红柿和少许西红柿酱，再煲二十分钟；最后下盐和黑胡椒碎调味即可。此汤品绵滑而浓香。

通往奶白汤色的成功之路

除了西式吃法，更适合中国人口味的可能还是韩式牛尾汤。

记得几年前，我们初到韩国，目的是考察固城郡的恐龙足迹。住下数日，发现这里物价高昂得令人咋舌，略好一些的水果和肉食都十分昂贵。看着此前考察队基地里成堆的方便面，心里那个悲催啊……

幸好天无绝人之路，日本队友的使馆朋友送来了好几箱牛肉和海鱼，这才解开了方便面的魔咒。随队的韩国女生此时就做起了各种牛肉美食，其中最受好评的便是牛尾汤。在韩国人看来，秋冬天气转凉后，如不及时补充蛋白质就很容易导致免疫力低下，而牛尾作为一种药用价值很高的高级补品，具有益气血、强筋骨、补体虚、滋容养颜等作用，特别适合在秋冬时节进补。

喝过韩式牛尾汤的朋友都知道，这道汤最具特色的地方便是那赏心悦目的奶白色。《吃的真相》的作者云无心说过，这是由于骨头中有很多胶原蛋白，这些蛋白疏水性很强，不仅可以乳化油滴，还能聚集在一起形成小颗粒，这些小颗粒散射光线，就跟油滴一样呈现乳白色了。

当时，中国和日本考察队员熬制出来的汤色往往是浅棕色的，后来向韩国人虚心请教才取得真经。我在这里告诉大家这个汤色秘密：其实想要把汤熬白很简单，就是在煲制牛尾时千万不要放盐、大料、味精等任何调味品，连续煲制几个小时。经过长时间煲制后，牛尾的香味已经出来，鲜香的味道四处弥漫，牛尾汤汤白汁浓，入口醇香，牛尾肉肉质细嫩，此时你才可以加入各种调味品。如果你觉得喝白汤稍显单调，也可以把煮过的蔬菜打成浆，混合到汤里，这样口感跟营养度也都更好。

韩国饭店更常见的做法是在牛尾汤中加入用牛大骨熬成的浓汤作汤底，颜色更加白皙可人。韩国人喝牛尾汤的时候，还会赠送一碗米饭，再加上一些泡菜、萝卜等小菜。他们喝上一口汤，再来一口牛尾，扒几口米饭，看起来就已经幸福得不可名状了。

现在，就让我们按照下面的步骤来烹饪鹦鹉嘴龙尾吧！

步骤一 STEP 1

一只成年鹦鹉嘴龙的尾巴长约0.9米至1米，去掉上面的毛状物和皮肤，先把龙尾切成四五厘米长短，或者把刀插入尾椎骨节之间的连接部分，将其切断。

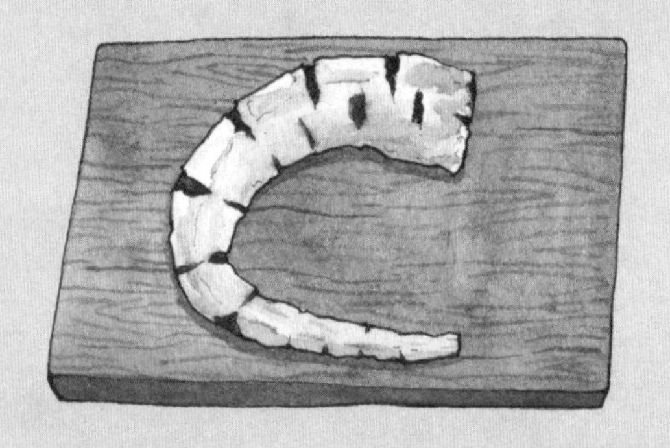

步骤二 STEP 2

在滚水中焯掉龙骨的血沫，换水放入龙尾再烧开，把火调弱，煮3小时左右。煮的时候，加入人参、大枣、枸杞子、葱段、蒜头，同时把月桂叶、芹菜、胡萝卜、洋葱装入纱袋，也放入汤中，后者是为了更好地除去龙尾的“野味”。等到龙尾酥烂，便将它取出，加上盐、胡椒面、葱末、蒜末、清酱等调味品拌好；等汤稍稍冷却后，彻底撇去浮在上面的油。

步骤三 STEP 3

准备工作到此完成，等到快开饭的时候，再把龙尾放入汤中，滚上几滚，加上盐、芝麻、胡椒面和切好的葱就可以出锅上桌了。

此时，大块的龙尾骨带着肉，与红枣、人参一起若隐若现于浓郁的白色汤汁中，这其中鲜嫩的滋味要你亲自尝试才能领略。

CHAPTER 4

副菜：鱼及海鲜类

冰盘上的瓦蛤颈肉明亮润泽，每一片的边缘都呈波浪状，

像一只只淡黄色的蝴蝶，令人赏心悦目。

一口咬下去，脆生生的又鲜美动人，口感爽脆富有嚼劲。

那种北美西部内陆海道特有的猛烈“海味”，

疯狂撞击着味蕾，

在澎湃又浓烈的刺激后，

随之而来的却是内敛的余韵。

鲜嫩肥香的海口鱼炒蛋

FRESH, TENDER, JUICY AND TASTY-STIR-FRIED HAIKOUICHTHYS AND EGGS

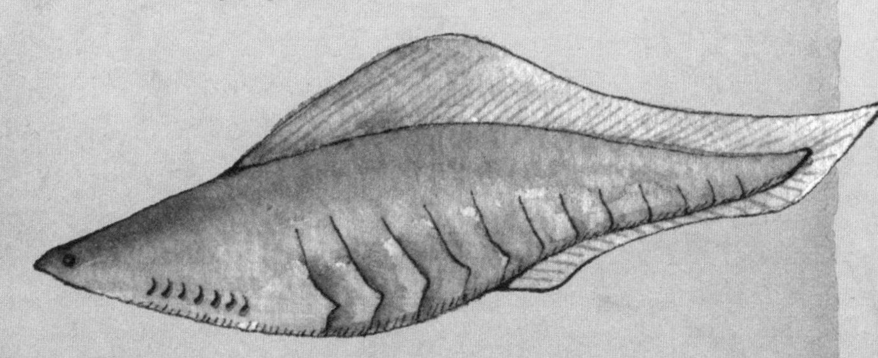

仔细观察这只动物，可以发现它具有明显的头部及躯体，头部发育了视觉、嗅觉、听觉等感官，并有6至9个鳃；身体分为若干节，有着明显的背鳍和腹鳍；腹部有13个环状结构，作为生殖腺、排泄器官或其他器官。舒教授当时就大胆地认为，它很有可能是生活在寒武纪早期的鱼类，于是给它起了一个耐人寻味的名字，叫海口鱼。

穿梭5亿年的时光

在毫无生气的暗黄色滩涂之外，是一片绿得发蓝的平静海水。潮湿的海风吹过，海面上泛起阵阵涟漪。阳光尚能透过水体表面一两米深的地方，水体散射出一片绸缎般柔和的光芒，笼罩在各种奇特的生物身上。

一只2米多长的麒麟虾甩一甩尾巴，突然加速向前，朝一只潜伏在水底的三叶虫猛扑了过去，不过这一次，它那对霸气的大螯罕见地扑了个空，海洋深处浑浊的水体影响了它的判断。

持续了几个月的暴风雨停息后，海岸上的泥流沿着倾斜的海底斜坡缓缓流过，所经之处仿佛给海床盖上了一层厚厚的棉被，海底一次次变得浑浊。更可怕的是，受此影响，海底的淤泥时不时地骤然崩塌，一些来不及逃离的动物瞬时被掩埋起来。眼前一些梭子状的小鱼就没有逃出这个劫数——细腻的泥沙堵住了它们的口与鳃，并最终导致机械性窒息死亡。它们随后被埋葬在越来越厚的泥沙中，变成了化石。它们再次沐浴阳光，已经是5亿多年以后了。

远处传来的采石放炮声把我的思绪拉回现实。目力所及，太古时代的万顷碧波已经变成了亚热带的苍翠山峦。不远处的帽天山下，裸露的岩石几乎被破碎的黄橙色页岩碎片铺满，这是古生物工作者在此长年累月披沙拣金的结果。

现在，山麓笼罩在一片薄雾般的粉尘中。附近几个磷矿正夜以继日地采掘，裸露的采掘坑里的机械声、卡车的轰鸣声与世界闻名的古生物化石产地中的敲击声构成一组奇怪的混响。只有高耸的帽天山岿然不动，像是这片嘈杂中最低沉的音符。

而在二十多年前，这里还是一片静谧。

生命史上的最迅速、最宏大、最深远

1984年7月1日，34岁的侯先光正是在这里发现了改变他一生的古生物化石。

“那是一个星期天的下午，我在一位村民的帮助下再次来到了帽天山，选择西坡的一条剖面开始发掘工作。谁能料想，在半小时内，连着发现了两块奇异化石。”侯先光一天的疲劳顿时消失，更加卖力地闷头敲开石片。突然，一块栩栩如生的化石出现在湿漉漉的岩石劈开面上，这是一块有软体组织的化石。“那一刻，地球万物都静止了，血液流动也停止了，西面的太阳刚好照在湿润的岩石剖面上，好像一只活生生的动物正在水里漂游。”现在已经成为云南大学教授的侯先光回忆起当时的情景还是激动不已。

那是2004年，我为撰写科普书《澄江生物群》收集素材，造访了云南昆明、澄江，陕西西安等地。先后拜会了侯先光、陈均远、舒德干等著名的古生物学者。这几位学者勤勉奋进，不断填补生命演化历史的空白之处，并在这一年，一起荣获国家自然科学奖一等奖。

侯先光当时发现的化石是一只纳罗虫（*Naraoia*），它曾在加拿大布尔吉斯动物群中出现过，而帽天山页岩比布尔吉斯页岩要古老1000多万年，侯先光立即意识到这可能是古生物学界的一次重大发现。他在当天的工作日记中写道：“加拿大叶虾层类型化石的重大发现。”次年，侯先光及其导师张文堂教授将这一动物群命名为“澄江动物群”。

澄江动物化石群的发现，引起全球科学界的大轰动，被称为“20世纪最惊人的发现之一”。美国《科学新闻》杂志对此作了非常形象的评价：“古生物学者在地球早期黑暗中探索生物的起源，久追不得其解而绝望不已，因此对这些全新的化石证据的到来感到无比欢欣鼓舞。”从此，云南澄江作为研究寒武纪生命大爆发的圣地开始为人所知。

寒武纪生命大爆发，是生命记录史上发生的最为迅速、规模最为宏大、影响最为深远的一次绝无仅有的演化革新事件。地球诞生至今，至少已有46亿年的历史，但在它最初形成的10亿年里，地表正在冷却，毫无生命存在的迹象。最早的单细胞生物出现在距今35亿年前的海洋中，在往后的近30亿年里，它们几乎是地球上唯一的生命形态。

然而，在距今5.3亿年前的寒武纪时代，绝大多数多细胞动物在200万年内迅速出现了，之所以说“迅速”是因为相对于长达35亿年的地球生命演化史而言，这是极为短暂的时间。生命大爆发带来了一大批千奇百怪的动物，小至几毫米，大至数米，地球很快变得热闹起来了，它们中的不少物种就是现生动物的祖先。

脊椎动物演化的大幕在徐徐拉开

“如果把35亿年压缩成24小时，那么200万年，不过是一天中的1分钟那么长。虽然在世不过百年的人很难体会地质学上的时间度量，我们还是要拼命培养这种悠长的时间感。就拿这块海口虫（*Haikouella*）化石来说，地表裸露的大部分岩石都没有它年龄大。”在中国科学院澄江古生物研究站，陈均远教授拿着一块5.3亿年前的海口虫化石，不禁发出了这样的感慨。

眼前这块海口虫化石如此古老，老得让人几乎无法理解。构成这块岩石的原子，在地球的婴儿时期便已聚集，甚至还经历过大陆的分裂与重组。如果将一年的光阴想象成一米长的绳子，那么你需要一条长度相当于地球到月亮距离1.5倍的绳子，才能代表这块化石的年岁。

更为奇妙的是，如此古老的动物竟然已经具备了脊椎动物才有的一些特征。在陈教授的指点下，我从显微镜里看到了海口虫那位于头部两侧的眼睛，还有心脏和动脉。“视觉是动物最早发展出的高级感官，而在海口虫身上发现的嗅觉神经和鼻孔构造表明动物至少在5.3亿年前就可以‘闻到气味’了，可惜它还是‘聋子’，没有演化出听觉系统。”

“你看它的神经索前端膨大，有了脑的雏形。”陈教授指着化石说，“这说明脊椎动物脊椎的产生历经了漫长的演化过程。以海口虫为代表的有神经索动物的出现是这一演化最重要的起点。”——脊椎动物演化的大幕在此徐徐拉开。

不过，即便有这么多相似之处，海口虫也不能算是脊椎动物，古生物学者用“神经脊动物”来命名这个类群，以此囊括脊椎动物的祖先和脊椎动物。神经脊动物下面再分为“原有头类”和“真有头类”两种。云南虫和海口虫属于原有头类；鱼类、恐龙、鸟类和哺乳类都属于真有头类。

我们真的逮到了一条鱼！

那么云南虫或海口虫是怎么演化成高等脊椎动物的呢？

耳材村，在这个昆明郊外海口镇的一个普普通通的小山村里，继海口虫的发现之后，又于20世纪90年代末，发现了震惊中外的海口鱼(*Haikouichthys*)。

海口鱼的发现，把人类所知的脊椎动物产生的时间，一下子向前推进了约4000万年。这一重要的发现，与一位当地村民的命运紧密交织在一起。他的名字叫杨志。

杨志出生于耳材村，靠山生，靠山长，祖上世代务农。他的父亲，经常在云南省地质科学研究所的专家们进山采集标本的时候帮忙跑跑腿，打打下手。久而久之，耳濡目染之下，杨志也迷上了化石。

1997年的一天，杨志和当时云南省地质科学研究所的三叶虫专家胡世学一起进山找化石。一个偶然的机会，杨志刨到了一块形状比较奇怪的化石，不过当时他们都没有太在意这块石头，只是小心地收藏了起来。

半年后，当胡世学开始修理这批标本的时候，发现这块化石不像是以往在耳材村发现过的动物，具体是什么东西就连他自己也说不清楚。后来，胡世学把这块奇怪的化石交给了西北大学早期生命研究所的舒德干教授，希望得到更多的信息。

“那块化石并不怎么完整，动物的后半部分破损严重，但前部却很有意思，隐隐约约有腮的构造，就是不太清晰。”舒教授回忆道。仔细观察这只动物，可以发现它具有明显的头部及躯体，头部发育了视觉、嗅觉、听觉等感官，并有6至9个鳃；身体分为若干节，有着明显的背鳍和腹鳍；腹部有13个环状结构，作为生殖腺、排泄器官或其他器官。舒教授当时就大胆地认为，它很有可能是生活在寒武纪早期的鱼类，于是给它起了一个耐人寻味的名字，叫海口鱼。

舒教授把宝押对了。不久后，他又在海口镇找到了第二块藏匿着生命史巨大秘密的鱼形化石。这块化石与海口鱼的外形极为相似，保存得却更为完整。在高倍显微镜下，舒德干精心解剖着这块化石。随着标本的线条越来越清晰，化石开始变得与众不同起来。当鱼特有的腮囊和尾鳍终于暴露出来时，他惊呼：“我们真的逮到了一条鱼！”

1999年11月，舒德干以“捉住天下第一鱼”为题，在《自然》杂志上发表论文，将这块化石命名为昆明鱼（*Myllokunmingia*），这是世界上第二块被界定为5.3亿年前的鱼化石。直到今日，海口鱼和昆明鱼依然是迄今为止发现的最原始的脊椎动物。

舒德干在论文里写道，我们捉到了世界上最古老的鱼，人类找到了自己最古老的始祖。这听起来似乎非常神奇，但它又是那么真实。我们从此大致明晰了由头索动物到脊椎动物的演化顺序：云南虫——海口虫——中兴鱼——昆明鱼——海口鱼。为了这个科学结果，广大科学家付出了二十余年的艰辛寻找与研究。而这条演化路线中的海口鱼与昆明鱼，则是半个世纪以来有关“寒武纪生命大爆发”研究中最重大的一项发现。

有趣的是，我在舒教授的工作室里，见到了数百件海口鱼的化石！只见这些长约两三厘米，小梭子形的“第一鱼”，竟然像沙丁鱼那样聚集成群。“它们都发现于两米直径的范围内。”舒教授说得不紧不慢。这一半是运气，另一半则是西北大学的发掘队在澄江坚持了十多年，长年累月的战斗成果。科学工作容不得半天懈怠，勤勉是召唤幸运之神的唯一祭品。

做一道“前寒武之春”吧！

晌午时分，舒教授热情款待了我，不知道是不是因为还想着“第一鱼”，教授为我点了一条体态丰满的黄河鲤鱼，两条鱼相隔5亿多年，这份恍若隔世的感觉让人承受不起。席间，我们开玩笑说，如果要在现生鱼儿中选取一种与海口鱼最相似的，恐怕要数银鱼（*Salanx*）了。

银鱼古称脍残鱼，又名白小，有着悠久的烹饪历史。唐代诗人杜甫曾有《白小》诗曰：“白小群分命，天然二寸鱼。细微沾水族，风俗当园蔬。人肆银花乱，倾箱雪片虚。生成犹拾卵，尽其义何如。”这诗写得形象且生动，银鱼体长3至6厘米，白色半透明，光滑无鳞无刺，纤柔圆嫩，肉质细嫩，味道鲜美，且极富钙质，非常利于身体健康。

以银鱼为原材料的美食流行于各地，潮州也不例外。潮州人烹饪银鱼的手法多种多样：加上一枚鸡蛋，就能炒出鲜美营养的银鱼炒蛋；淋上香脆炸粉，便能炸出酥脆的金香银鱼；用盐水煮熟放凉，便成为下白粥的爽口小菜。

我每次回到故乡，品尝到银鱼就总能想起舒教授实验室中那些密密麻麻的“第一鱼”，它们实在太过于形似了。

要从前寒武纪的海洋捕捞海口鱼，只能用小船小网慢慢捕捞，不用大网是因为水底有着巨大的奇虾动物，如果它们缠绕上大网，说不定连渔船都被折腾坏了。而被捕捞上网的肯定不仅仅有海口鱼，还会有帽天山栉水母、微网虫、灰姑娘虫、三叶虫等杂七杂八的动物，只管丢回水里就是，这些吃不得。

捕捞上的海口鱼可先在凉水中清洗，捞上一遍，以清除掉其中的杂质，之后沥干水分；把鸡蛋直接打入海口鱼中，加适量葱花和水、盐、味精，搅拌均匀，搅拌时可以适量加点水，这样炒出的蛋口感更嫩；起油锅，油热后加蒜片爆香，烧至四成热时，倒入搅匀的海口鱼蛋液，边翻炒边在锅边加入色拉油；炒至蛋液涨发、凝固，再加色拉油炒至松散，淋麻油，出锅装碟即成。

只见这道海口鱼炒蛋在漂亮的大瓷盘里热气腾腾，散发着诱人的香气，蛋色金黄，海口鱼洁白，海口鱼和蛋的鲜美尽收盘中，口感滑嫩鲜香，营养丰富，此乃“前寒武之春”的完美时菜呢！

步骤一 STEP 1

在凉水中清洗海口鱼，捞上一遍，以清除掉其中的杂质，之后沥干水分。

步骤二 STEP 2

将准备好的鸡蛋，直接磕入装有海口鱼的碗中，加适量葱花和水、盐、味精，搅拌均匀，搅拌时可以适量加点水，这样炒出的蛋口感更嫩。

步骤三 STEP 3

起油锅，油热后加蒜片爆香，烧至四成热时，倒入搅匀的银鱼蛋液，边翻炒边在锅边加入色拉油；炒至蛋液涨发、凝固，再加色拉油炒至松散，淋麻油。

步骤四 STEP 4

淋上麻油后，出锅装碟，一道鲜嫩肥香的海口鱼炒蛋就做好了。

费力制作原味烤奇虾

A LABORIOUS RECIPE: ORIGINAL FLAVORED GRILLED ANOMALOCARIS

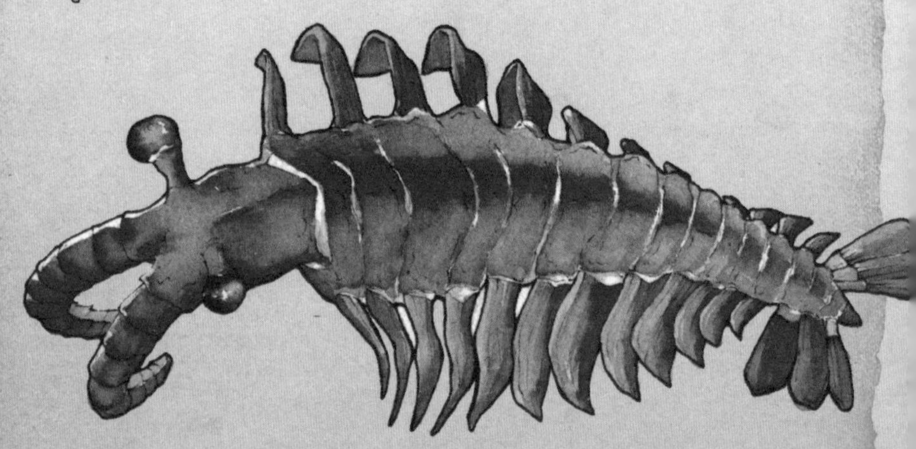

这果然是一种看上去奇酷无比的虾子啊！而按照古生物命名的优先原则，排除了其他名字，奇虾成为这海洋巨怪的唯一名字。寒武纪的奇虾堪比侏罗纪之异特龙、白垩纪之暴龙，稳坐食物链金字塔端的高处。在寒武纪大爆发的序幕，带壳动物迅速超频、升级的阶段，比起大多数动物那平均几毫米到几厘米的体长，个体身长最多可达2米以上的奇虾堪称巨无霸。于是它成为当时攻击能力最强的肉食动物，铸就了一段神奇。

龙虾一度是正牌的贫民食物

即便是在大海近在咫尺的故乡，龙虾也属于寻常人家可望而不可即的高档海产品。因此我还能依稀想起记事之后第一次吃龙虾的情形，那是在亲戚的寿宴上，硕大的一条火红色“虾子”摆在圆桌的核心位置，剑拔弩张的脑袋对准寿星，风俗如此。

龙虾在杯觥交错中被分而食之，我得到一块背肉，还有妈妈舍不得吃的部分也集中到我的盘子里。一番搏斗之后，味道鲜甜、口感饱满、肉紧弹牙的龙虾肉让我牢牢记住了这份来自大海的鲜美滋味。

爷爷此时说了一句，早年间，这种大虾还并不是这般昂贵，卖“鱼饭”（潮州人对煮熟后凉吃的鱼、梭子蟹、虾的有趣称呼）的小店，都有煮熟的龙虾卖。这句话让我耿耿于怀到出国前。

后来，我远渡重洋，来到北美大陆，才遇到了我梦想中的龙虾天堂——只要你愿意，天天都可以吃到龙虾的美妙地方。因为龙虾在北美实在属于普通食物，而且吃法也极为朴素，烫熟冷却就上手，于是这里变成我在距离潮州万里之外的“龙虾饭”世界。

我也才知晓，虽然龙虾在此时此地也被视为美食大餐，但历史上却有一段啼笑往事。早在17世纪，当来自欧洲的探险者踏上新大陆时，发现这里的龙虾数量着实让人瞠目，涨潮的海水会把龙虾冲到海滩上，堆积起来甚至可达2英尺高！

如此庞大的数量让龙虾一文不值，成为正牌的贫民食物，甚至沦落为土豆或玉米等作物的肥料！而一条古老的法律则从人道主义的角度出发，规定监狱的看守们不能给囚犯太多劣等的食物，尤其是龙虾。历史开的玩笑就是如此“厚重”，从垃圾食物到上等食材，走了恍若隔世的过场。

在龙虾州大啖龙虾

直到今日，美国东岸的龙虾依旧数量巨大。这或许得益于如今良好的科学的捕捞制度。以龙虾著名的地方，除了连锁餐馆，还有著名的“龙虾州”。三毛在失去荷西之后曾说过：“说起美国这个国家，我说那儿只有一州，是我可能居住的地方。那个地方寒冷寂寞而荒凉，该是你我的居处。”那就是缅因州。

缅因州位于著名的新英格兰风景区，南临浩瀚的大西洋，西接新罕布什尔州，向东是加拿大的纽布伦斯维克省，再往北则是魁北克。广阔的东海岸没有严重的污染，礁石嶙峋。这里的龙虾产量约占全美的3/4，成为美国东北地区数一数二的渔区，所以人们干脆就将其称为“龙虾州”。

如今，寒冷寂寞而荒凉，已不再是缅因州的标签。黛色青润的山峦，碧玉如翠的大洋，如两条轻柔的臂膀呵护着此地，略带哀怨的塞外江南风情此时展现无遗。这份哀怨多半来自经济危机对此地的影响，捕虾业与海产出口业急速下滑，旅游业如今成为该州的支柱产业，但这也让更多的游人得以拜访这个美国最东北角的小州，亲身体验三毛梦里的阴冷家园是何光景。

在一个幽冥的春末，我驾车穿越北美大陆，终点直指缅因州。眼前的缅因州放肆地绽放着。驯鹿、火鸡、野兔、松鼠就活跃在城区，而大片大片的枫林延伸入极北处，乡野间万花吐艳，众多的湖泊笼罩在薄雾下，水鸟在岸边休憩，巨鲸在大洋嬉戏，高高的鼻息往空中喷射，并发出销魂的吟叫声。

车流中，我遇到很多老饕，他们都是慕名而来，只为了那驰名世界的新英格兰龙虾。因为此地是新英格兰真正的龙虾产地，比马萨诸塞州或波士顿都便宜且新鲜。最有爱的一家“Lobster Fans”，店家祖孙三代都穿着印有龙虾图案的T恤，就连那个3岁半的小女娃也拿着一个红绒毛龙虾玩具——显然，这是煮熟的龙虾才有的颜色，令人哭笑不得。

长途跋涉之后，最合适的食物是一碗暖暖的海鲜杂烩浓汤（Seafood Chowder）和一个龙虾卷（Lobster Roll）。不要以为龙虾卷就是把煮熟龙虾的肉取出来，弄碎了夹在长面包里，真相并非这么简单。威斯卡西特（Wiscasset）有一家闻名龙虾食界的路边摊，叫“Red's Eats”，他们有全美最好的龙虾卷，号称每份三明治都会用整整一磅的龙虾。龙虾肉必须是煮熟取出的，只用龙虾身上最好的肉——螯肉和尾肉，像小腿或头边的碎肉是断然不用的。而且，为了减少氧化，以免影响口味，螯肉和尾肉都必须是手撕，不能下刀，这样食客们还可以看到龙虾肉的细腻纤维，视觉一流。龙虾卷还分为缅因龙虾卷（Maine Lobster Roll）和原味龙虾卷（Naked Lobster Roll），前者加上了蛋黄酱或美乃滋、胡椒、葱末，后者则是只加海盐调味的纯龙虾肉。

更常见、更受挑剔食客喜爱的吃法则是在码头边的小木屋餐馆，那里没有高级餐厅的拘束，却有最生猛的龙虾。这些龙虾刚刚离开大海的严酷环境，又还没栽在水产品加工中心那让它们半死不活的“大法”中。你可以从水柜里挑选当天刚刚打捞起来的龙虾，餐馆的伙计会麻利抓出，当面把龙虾丢进海水锅里煮熟。然后你就放心大胆地上手，蘸上黄油，原汁原味，大吸大嘬那黏糊糊的绿色龙虾头膏，大块大块吃龙虾肉，甚至可以乱丢虾壳，让身旁的海鸥赶来啄啄空壳，解解寂寞。

好一条奇怪的虾子！

从古生物学者的角度来看，这些被食客随意丢弃的螯肢空壳，却分明指着一条闪烁着演化荣光的史前霸主道路。这些螯肢作为其捕杀猎物的利器，有着极其有趣的故事，这是古生物史上最离谱的重建，是一段充满了幽默、谬误、奋战不休、困惑不已，并有着一个不寻常的解决之道的故事。而且，还有一段我中华奇女子的科学探索之旅。

早在1892年，加拿大著名的古生物学者惠特魏（Joseph F. Whiteaves）意外地发现了一块距今约5亿年的虾化石。只见它分成一节节的，与现在虾子等节肢动物非常相似，于是便命名为奇虾（*Anomalocaris*），但这种虾子的头始终没有被发现，令人百思不得其解。接下来，美国地质调查所主管、史密森协会主任瓦寇特（Charles Walcott）命名了西德妮虫（*Sidneyia*），认为它是一种节肢动物，头部具有硕大的觅食附肢。1911年，瓦寇特命名了属于海参类的拉甘虫（*Laggania*），这个标本有着一个大口的构造。最后，他又命名了一种名为沛托虫（*Peytoia*）的水母类，这个生物体具有一个环状构造，有32个骨片围绕在中心的开口位置，活像一件“圣衣”。

直到多年以后，剑桥大学地球科学部的教授、杰出的三叶虫专家惠汀顿（Harry B. Whittington）检视加拿大寒武纪化石标本时，其中一块保存得并不完好的大型标本让他无比震撼：以上四个物种特征竟然在一个动物的身上次第出现了！

谁又能想象到这样的一个组合模式——奇虾的后端、西德妮虫的觅食附肢、压扁的拉甘虫，再加上有一个中间开孔的沛托虫？这些风马牛不相及的家伙竟然能够拼合在一起，成为一个巨大的生物体！

这种动物为流线型，背腹扁平，可见它虽不善于行走却能快速游泳。具体分析其身体，可见其头部呈长椭圆形，上方插着一对带短柄的大眼睛；一对觅食用的、分节的巨大附肢“焊接”在身体前方；附肢后方有着直径达25厘米的圆形口器，它可以利用附肢将猎物送到张开的口器中；体躯在头部之后分成11个叶片状，叶片在体躯中央达到最宽，而向前与向后方逐渐变窄；体躯最后端短而粗，没有任何延伸的刺或叶片。

奇虾的巨口可掠食当时任何大型的生物，这是因为它口腔中装备有大量的几丁质外齿和内齿，具有极强的肢解能力，对那些有矿化外甲保护的动物（比如三叶虫）构成了重大威胁。有趣的是，古生物学者发现这张巨口不能完全闭合，这表明奇虾很可能以较大的生物作为捕食的对象。

这果然是一种看上去奇酷无比的虾子啊！而按照古生物命名的优先原则，排除了其他名字，奇虾成为这海洋巨怪的唯一名字。寒武纪的奇虾堪比侏罗纪之异特龙、白垩纪之暴龙，稳坐食物链金字塔端的高处。在寒武纪大爆发的序幕，带壳动物迅速超频、升级的阶段，比起大多数动物那平均几毫米到几厘米的体长，个体身长最多可达2米以上的奇虾堪称巨无霸。于是它成为当时攻击能力最强的肉食动物，铸就了一段神奇。

“五”，周桂琴的幸运数字

在这出有趣的古生物剧中，一名中国女学者创造了新的神奇。迄今最完整的奇虾化石又出现在这片神奇的土地——云南澄江帽天山的页岩中。

帽天山因形如一顶草帽而得名。这座方圆不到一公里、海拔仅2026米的小山，虽然其貌不扬，但却因澄江动物群的发现而闻名全球，这就是“山不在高，有仙则名”。自1984年侯先光在帽天山发现了纳罗虫化石以后，帽天山在古生物学家眼中就成了一座能创造奇迹性发现的神奇的宝山。

时至1992年，帽天山北坡正修筑公路，推土机推出了一个巨大的断面，南京地质古生物研究所的周桂琴等人正在此地采集化石。这只奇虾在发现之初，并没有展示出其惊人的全貌，仅在页岩的一角，露出了形似生物化石的很小的一点痕迹。在好奇心的驱使下，周桂琴在野外当场就开始修理起来。当完整的一对前附肢和头部显露出来之际，她难以抑制心头的激动，情不自禁地大声叫喊起来。

标本采集有重大发现的消息顿时传遍了整个化石点。先前露出的那一点点痕迹，只是这个大家伙前附肢的末端，看着自己亲手从岩石中剥离出来的“奇迹”，周桂琴高兴地说，“五”是她生活中的吉祥数，没想到，在野外寻找化石的工作中居然也会应验。

原来，她找到有史以来第一块完整的奇虾化石的那天，正是1992年6月15日，而这一天刚好又是中国的农历5月15日。无巧不成书，该化石的发现点的编号恰巧为MN5，真是一个多“五”交汇的好日子！我国第一块奇虾标本就此现形。

而第三块完整奇虾化石的问世也很有意思。它早在1990年就已被南京地质古生物研究所的朱茂炎研究员采集回来，但因其怪异的形体让人迷惑，而被冷落在办公室的托盘中将近2年。随着标本的修复，一个完整的凶猛的猎食者形象出现在人们眼前。

完整的奇虾化石为什么偏偏选择在帽天山出现？此地确实神奇。在5.3亿年前，这里不是山脉，而是一片浅海斜坡，是水下“泥浆流事故”多发地带。这种泥流，往往始发于海盆边缘，聚积着相当大的势能。一旦爆发，则顺着海底斜坡倾泻而下，挟沙带水，势不可当。泥流浪涌般地扑向地势较低的海底，激起周围泥浆，掀起腐藻败叶，迅速向四面八方蔓延，泥流所到之处生灵涂炭，刹那间将一只“郁闷发呆”的奇虾拽进了黑暗，送到另一个世界。在身后的世界里，细腻如脂的粉尘生成的致密的淤泥层裹覆住奇虾的躯体，极大地减弱了水体和气体对生物软体的侵蚀，使它经历日后的沧海桑田形成化石，最后把它送到周桂琴面前。

这一切的后续，就是它，这只被中国古生物学者“借尸还魂”的奇虾，给这段百余年来的纷争，完美地画下了一个句号。

挖个大坑埋奇虾

对于我们来说，吃掉这只极富攻击性的、2米长的大虾可是一件费力的事情。无论如何，必须先找一个巨大的橡皮圈捆上它的左右觅食附肢，以免伤及无辜。

最简单的烹饪方法，或许可以参照美国流行的吃蛤会（以烤蛤为特色的海滨野宴）（Clam Bake）的做法。这最早其实是新英格兰土著印第安人的一种烹饪方法，随后被殖民者学习并改良了。

现在东岸的一些传统美国家庭依然会制作这种有趣的食物。他们一边点火烧红卵石，一边在海滩挖个大坑，然后将烧得通红的石头放入坑中，铺上新鲜的海藻，再依次放上要烹饪的食物——一般底层先铺玉米、马铃薯或洋葱，然后是龙虾，再上面是其他小虾和贝类等。各层食物之间用玉米皮隔开，食物的最上方再覆盖海藻和炽热的石头。利用上下两层石头之间的热量来灼烤食物，海产的鲜甜、洋葱的香气、玉米的糯香、马铃薯的醇厚在此间不断来回激荡，定然能制出美食。

如此这般，我们也可以得到一条巨大的、足够五六个人食用的烤奇虾。它被烤得遍体通红，与玉米、红马铃薯、洋葱一起放在食盘中端上桌。最好能找到小一些的奇虾，其肉质正是细嫩的时候，加之纯靠蒸烤而熟，保留着海鲜原本的鲜甜味道，滴上一些柠檬汁，蘸着热化的蛋黄酱或黄油，肉质鲜嫩略带紧绷的弹性，美味异常，保证让你食指大动！

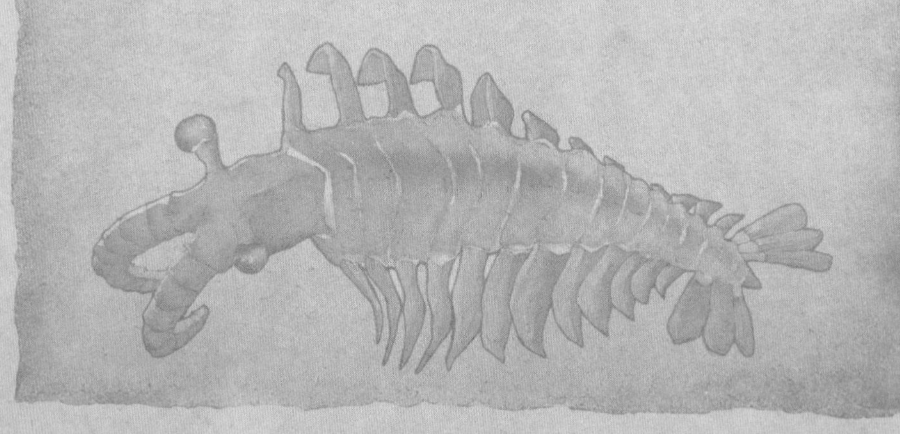

步骤一 STEP 1

一边点火烧红卵石，一边在海滩挖个大坑，然后将烧得通红的石头放入坑中，铺上新鲜的海藻，再依次放上要烹饪的食物——一般底层先铺玉米、马铃薯或洋葱，然后放入奇虾肉，再上面是其他小虾和贝类等。各层食物之间用玉米皮隔开，食物的最上方再覆盖海藻和炽热的石头。

步骤二 STEP 2

吃不完的虾肉可以如法炮制为“奇虾卷”，把奇虾撕成小块，依个人口味，酌量选择性加入柠檬汁、葱末、胡椒、美乃滋或黄油等作料及调味品，卷入新鲜出炉的面包中即大功告成！

海味十足的瓦蛤刺身、铁板烧和煲粥

FULL TASTE OF THE SEA: INOCERAMUS SASHIMI TEPPANYAKI AND CONGEE

由于过于巨大，我们打开瓦蛤需要一把足够锋利强劲的“开蚝刀”，上手的蚝刀可以轻易割断瓦蛤的韧带，打开这个庞然大物。如果你是新手的话，经验告诉我们，劳保手套也是必备的。

史上最恐怖的海洋无间地狱

曾几何时，梦想着当年华老去，便搬到海边小宅，养一条狗，有一叶舟。迎着朝阳，在涨潮时分，驾着小舟傍着岛礁，看着鱼儿在海底礁石罅隙中活动，钓线在浪涌起伏中忽上忽下，犹如拨动的琴弦。渔歌唱晚，在滩涂挖下几个小坑，便可以收获鲜美的蛤蜊。鲜鱼，蛤蜊，粗茶淡饭，这是最原始的快乐呢。

这些梦想其实都是源自我孩提时在海边的经历，但直到我见识到距今7000万年，北美西部内陆海道的史前海洋之后，这些美好的梦想就慢慢蒙上了梦魇的色彩。

因为那实在太恐怖了！热爱动漫《航海王》（也译为《海贼王》）的朋友们可以在此看到真正的“无风带海王类”。如果你没有想象过炼狱的具体情形，那么只需要看看此地的古生物群构成即可。

北美西部内陆海道，在古生物学中大名鼎鼎，亦唤作中陆海道、白垩纪海路、尼奥布拉拉海或北美洲内海。一个事物的名字越多，在某种程度上就代表其受关注度越高。

这一海道面积最大时，西至洛矶山脉，东至阿巴拉契亚山脉，宽约1000千米，最深处深度为800至900米。东西两座大型分水岭带来了河流，淡水的注入使沿岸海域的水较淡，并带来泥沙，在沿岸形成三角洲地形。分布广泛的碳酸盐显示，这个海道曾是片温暖且热带性的海域，有丰富的钙藻。

海域中丰盛的食物则滋养出一条繁复的生物链：孔虫类，放射虫类，双壳类的瓦蛤、团砚、覆蛤、巨蛤、伪贻贝、杜兰蛤、牡蛎（生蚝），海百合类的犹因他海百合，头足类的胎盘菊石、克莱奥菊石、托斯特巨蛸，软骨鱼类的角鲨、白垩颌鲨、白垩鼠鲨，硬骨鱼类的微密鱼、雀鳝、剑射鱼、吉氏鱼、蕉鱼、腔棘鱼类，龟鳖类的弓形龟、原盖龟、古海龟，鸟类的黄昏鸟、鱼鸟，蛇颈龙类的长喙龙、薄片龙，沧龙类的沧龙、海王龙、扁掌龙、连椎龙，恐龙类的破碎龙、盔龙、尼奥布拉拉龙，翼龙类的无齿翼龙和夜翼龙等。

这个生物群估计也是生命史上一次匪夷所思的激荡，怎一个“巨”字了得！

且看生活在底层的瓦蛤、巨蛤等，直径竟然都在1米以上。这些巨大的双壳动物生存于黑暗的海底环境中，个体与鳃窦越来越大，使其可以在缺乏氧气的海底生存。而宽广的生长空间也使得它们外壳的各个生长方面渐趋一致而呈圆弧状。

头足类中的托斯特巨蛸体长6至11米，与现生的大王乌贼相比也并不逊色。其化石有沧龙咬痕，说明它也曾经是大型掠食性鱼类及海生爬行动物眼中的美食。

角鲨身长可达5米，有捕猎海龟的化石记录。白垩颌鲨身长可达7.6米，有谋害盔龙（鸭嘴龙类）和薄片龙的证据，前者被它咬住尾巴，后者被它吞进肚子，在白垩颌鲨圆圆的椎体边，散落的黑亮的薄片龙胃石显得触目惊心。

就连寻常鱼类也非善类。蕉鱼长达1.5米，数量极多，其颌部扁平有力，可以轻易咬开蛤类的硬壳。雀鳝是和“食人鱼”齐名的世界十大凶猛淡水鱼类之一，该鱼的鱼鳞表面有一层钙化的具特殊亮光的硬鳞，这是硬骨鱼中最原始的鳞片。剑射鱼有着利刃般的牙齿和强劲的尾巴，这样的组合使它成为强大的追击型猎手。剑射鱼巡航在大洋的水面下，随时准备捕杀大型鱼类，包括整吞近2米长的吉氏鱼，偶尔还袭击水面的海鸟，如黄昏鸟。然而它并非无敌，一旦受伤，它那庞大的身躯就将成为鲨鱼的美餐。

古海龟是有史以来最大的海洋龟类，身长约3.4米，双鳍张开宽约3.7米，体重约1吨，背甲覆盖着胶质的皮肤，与现今的革龟有些相似。它几乎什么都吃，积极地清扫漂浮的鱼、水母、腐肉和植物，它锋利而强大的喙可以咬开有壳的动物，比如菊石。

薄片龙是我们最常见到的蛇颈龙的形象代表，是蛇颈龙类发展到极致的产物，也是该种类的“末代皇帝”。这种龙全长达12米，光脖子就有6米。它能将长长的脖子伸进鱼群里大开杀戒，而庞大的身体就留在远处，确保攻击前鱼群不会受到惊吓。

沧龙类也是恐怖得出奇，作为一种高度发达的巨型猎食动物，沧龙类之一的海王龙体长10至12.3米，占据了海洋生物链的顶端。古生物学者曾在一具海王龙胃部残留物的化石中发现了鲨鱼、硬骨鱼、黄昏鸟和一只倒霉的连椎龙。当然，作为零食，不少菊石上也留着被沧龙类咬过的痕迹。

在这片炼狱之海的上空，还生活着无齿翼龙和夜翼龙。前者翼展约3至6米，已发现逾1200个个体；后者翼展约1.7至2.9米，发现了约40个个体。翼龙捕食鱼类，也受到各种海生爬行类，甚至大型鱼类等凶猛掠食者的威胁。所以，为了生存，一些翼龙，如夜翼龙的脊冠高度特化，变成了立体的“三叉戟”，并支撑着皮膜，如帆船一般来回巡航。

我第一次遇见这些奇妙的动物，缘自拜访美国一化石商人。那天我们约了见面，准备参观他的私人收藏。我带着茶叶，爬上一块如小桌子一样的石头上坐等他。这个“小桌子”很是精致，呈深棕色，上面有类似年轮的纹路，除了不甚平整，倒是相当赏心悦目。

等老兄一到，立马把我拎起来，哭丧着脸看着“小桌子”。原来，这小桌状的玩意儿，竟然是一个瓦蛤化石！因为实在太大，以至于大多数人第一次看到的时候，并不会往动物方面去想象。接下来在库房看到的，那些至少是以米为单位计的巨大遗骸，则完全把我丢进了肯萨斯的史前海洋漩涡中。

被誉为“天下第一鲜”的双壳动物

处于这条恐怖海洋生物链下游的物种，就包括了我们将用来作为食材的瓦蛤。瓦蛤属于软体动物中的双壳纲，顾名思义，这类动物都有两枚大小相等的壳瓣。此外，它们也被称为斧足纲和瓣鳃纲，前者是由于它们的肉足从两壳之间伸出，两侧扁平，呈斧头状；后者是得名于它们瓣状的鳃。这些动物大多数生活在海洋中，也有少数分布在淡水。

瓦蛤在现代的近亲包括了常见的各色蛤蜊（花蛤、文蛤、西施舌）、扇贝、青口（淡菜）、牡蛎（生蚝）、蛏子、太平洋潜泥蛤（象拔蚌），或是被视为“佛家七宝”的砗磲、珍珠贝等。

这些双壳动物林林总总，自古以来就是人类的传统食物，它们的烹饪方式也因此五花八门。人们对此最大的共识是它们味道鲜美，比如其中的蛤蜊就被称为“天下第一鲜”“百味之冠”，江苏民间还有“吃了蛤蜊肉，百味都失灵”之说。而生蚝更是鲜美不可方物。

双壳动物的营养价值也比较全面，含有蛋白质、脂肪、碳水化合物、铁、钙、磷、碘、维生素、氨基酸和牛磺酸等多种成分，是低热量、高蛋白的理想食物。除了肉可以吃，双壳动物还辛苦地生产出珍珠，它们的壳可以入药。再不济的一些双壳动物也还能做理想的海钓鱼饵。

有趣的是，中西方对各种双壳动物有着截然不同的吃法。以蛤蜊为例，中国常见的是丝瓜蛤蜊汤、蛤蜊汤面、鲜蛤蜊炒鸡蛋、蛤蜊粥等，欧美则常见蛤蜊奶油汤、蛤蜊奶油意大利面、炸蛤蜊，或干脆就是烤着吃，成为吃蛤会，林语堂在《人生不过如此》中曾有提及。

生蚝则更能体现文化差异，生蚝在中国餐桌上历史悠久，如东魏农学家贾思勰所著的《齐民要术》中就记载了生蚝的吃法：“炙蛎：似炙蚶。汁出，去半壳，三肉共奠。如蚶，别奠酢随之。”简单来说，就是烤生蚝，烤到汁水出，去掉半边壳，把三颗生蚝肉摆在一盘，另取一器盛醋汁一起上。

而到了现代，中国南方最流行的吃法是蚵仔煎（蚝烙）、蚝粥、炸蚵仔、蛎饼、蚝豉，北方则多是直接煮熟，或与海带、豆腐、酸菜一起炖，或拌小豆腐，或炒鸡蛋、炒韭菜，或裹了面糊炸。而后受到国外的影响，开始出现了生吃、碳烧等吃法。

北美主要是生吃或炸，生吃为主流，选用法国贝隆河口咸淡水交接的三圈（○○○）、四圈（○○○○）级铜蚝（Belon），保留少许开蚝壳内的海水，搭配柠檬汁，或放有红葱头末的红酒醋，就可以瞬间体会到它那鲜脆而带点清雅甘甜的绝佳口感。此时再来上一口又干又酸的法国勃艮第夏布利（Chablis）干白葡萄酒，生活就更加完美了。

热衷快餐文化的美国人则发明了牡蛎穷仔三明治（Oyster po'boys），将生蚝用卡郡（Cajun，移居美国刘易斯安纳州的法国人后裔）口味的面糊裹了裹，炸一下，然后与青椒、西红柿、生菜丝等一起夹在法棍面包里，成为一道极具特色的新奥尔良料理。

从开蚝刀开始，拆解大瓦蛤

由于过于巨大，我们打开瓦蛤需要一把足够锋利强劲的“开蚝刀”，上手的蚝刀可以轻易割断瓦蛤的韧带，打开这个庞然大物。如果你是新手的话，经验告诉我们，劳保手套也是必备的。

撬开瓦蛤的双片大壳后，需要找朋友合力，一人一边，掰开蛤壳。只见蛤肉肥满，几乎将蛤壳填满。蛤肉呈乳白色，光泽如珍珠，饱满而丰盈。在蛤肉之中，最醒目的是一块如小轮胎般的白色肌肉，这就是瓦蛤用来开口、闭口的闭壳肌，将这块肉先用大刀割下来备用，还可以制成备受青睐的干贝。而在壳体靠外的位置，有一个像斧头般的，有点像“脚”的肉状肌肉器官，这就是肉足。这硕大无比的斧足也是鲜美的烹饪材料。

瓦蛤中的主体，则是它柔软而窄长的身体，在身体和套膜之间还有鳃，鳃的功能是过滤水中的氧气和食物颗粒，但却有着可怕的口感，所以我们得挖出这些如草席一样的玩意儿，弃之不用。瓦蛤还有两根管子，叫虹吸管，用于进食和呼吸。在现生动物中，有虹吸管构造的最典型的例子是象拔蚌。涨潮时，它将虹吸管伸出贝壳，伸到沙滩的洞口，水流带着浮游生物进入虹吸管一端，鳃过滤食物后由虹吸管另一端挤出。我们切取虹吸管，将它们变为制作刺身的顶级材料。由于这类动物生活于沙土之间，所以要用冰水冲洗虹吸管、肚肉的内壁，将沙子冲出来。

让我们先来料理这两根巨大的虹吸管，也就是“颈肉”，将其做成刺身(Sashimi)。刺身至少在14世纪末已经产生，并已相当流行。刺身和类似食品最早是用“脍”来概括的，发展到今日一般指切成薄片的鱼、乌贼、虾、章鱼、海胆、蟹、贝类等海产品，蘸着芥末、酱油等佐料，可直接生食。刺身已经成为日本料理的套餐、桌菜、下酒菜、配菜等菜色中经常出现的著名角色。

瓦蛤的颈肉需要一番事前准备才能开始切片。过大的颈肉多半都有一层坚韧的“皮膜”，此时请烧一锅开水，水烧开后将颈肉放入锅中约10秒，略烫一下后迅速取出，这时候你会发现，颈肉上有一层如丝袜般的膜已经出现与本体脱离的趋势。此时我们就可以从颈肉的根部开始，一点点地将这层膜掀下来，手足够巧的话，掀下来的膜会很完整，如果系住一头往里面灌水的话，这膜甚至可以做成一个贮水袋。

将瓦蛤颈肉处理好之后，按照下面的步骤进行操作，就可以得到四种瓦蛤美味了。一个像小桌子一样的瓦蛤，成就四种不同吃法，想必能把四五个人都喂得饱饱的，这也是要穿越回白垩纪才能做到的超级乐事吧！

步骤一 STEP 1

处理好的颈肉放在砧板上，用刀划开，使圆柱形的颈肉呈平面状，先从颈肉的前端开始片片。刀用斜刀，片得越薄越好，每片下一片，就放入冰碗中用碎冰块镇一下，这样颈肉会更脆嫩，之后再摆在冰盘上。此时，冰盘上的瓦蛤颈肉明亮润泽，每一片的边缘都呈波浪状，像一只只淡黄色的蝴蝶，令人赏心悦目。

一口咬下去，脆生生的又鲜美动人，口感爽脆富有嚼劲。那种北美西部内陆海道特有的猛烈"海味"疯狂撞击着味蕾，在澎湃又浓烈的刺激后，随之而来的却是内敛的余韵。前味甘，后味带点苦涩，口感丰富，让你大呼过瘾！

步骤二 STEP 2

将圆肉（也就是瓦蛤的巨大闭合肌）切成方便入口的大小后，烧热平底锅，涂少许黄油，把圆肉放入，慢煎1分钟，将煎好的圆肉翻过来，撒上胡椒粉、白兰地、海鲜酱油调味，最后撒少许葱花就可以了。此时的圆肉有着海洋生物原始的香甜风味，带点鲜味的成品，嚼起来劲道十足，味道独特，口感绝佳！

步骤三 STEP 3

剩下的斧足，可以切片后用XO酱爆炒，或芥蓝度炒都是不错的选择。

步骤四 STEP 4

瓦蛤的内脏则是煲砂锅粥的最好材料。将白粥熬煮到滚稠，米粒软透，加入内脏和边角料，洒入姜末、葱粒，再加点盐调味，最后撒上胡椒粉，滴入点点香麻油提味。

一份鲜到神仙都站不住的粥就诞生了，好像整个海洋都浓缩到这小小一碗粥里，你会认为此前的一切辛苦都值得。

东瀛来风，金黄娇嫩的托斯特巨蛸烧

JAPANESE STYLE: GOLDEN TENDER TUSOTEUTHIS-YAKI

托斯特巨蛸又称为托斯特巨鱿，其套膜长度可能近似于现生的大王乌贼，长约6至11米，触手向外伸开，但它却属于幽灵蛸类，与章鱼的亲缘关系要大于乌贼。

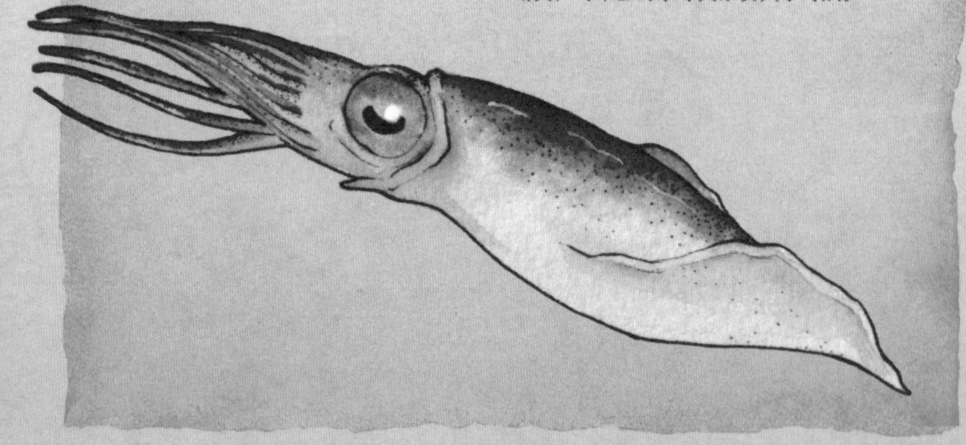

大王乌贼的恐怖传说

“妈妈，好大的乌贼啊！”

我夹杂在小学生秋游的人流中，在鸟取县立博物馆东张西望。从福井恐龙博物馆归来，我在日本四处闲逛，听说鸟取县在秋季盛产松叶蟹，便悄然而至。之后却意外发现了北荣町的柯南博物馆和鸟取县立博物馆里巨大的乌贼！县立博物馆本身也有看点，是在古建筑鸟取城的马场、米仓遗址上改造而来的。

眼前的日本大王乌贼（*Architeuthis japonica*）极为震撼人心。7米长的它白朴朴地泡在防腐剂中，头长1.3米，眼睛无神，注脚处写着于1988年4月16日，在鸟取县岩美町城原海岸被发现。我当时就想着，如果说做一份章鱼烧需要100克章鱼，眼前的大王乌贼至少可以做1000份以上啊。

撵跑吃货的思维，重走恐怖路线。从远古开始，大王乌贼也被称为巨乌贼，它的传说在世界上不断流传。传说中最著名的角色要属北海巨妖，这种像岛屿一样巨大的多脚怪物肆无忌惮地吞噬着过往的船只。加勒比海、古希腊以及中世纪的欧洲传说中都描述了这种古怪、危险的水生动物，甚至亚里士多德和老普林尼也都描述过。长期以来，人们对巨乌贼的了解仅限于从抹香鲸表皮上那星星点点的吸盘伤痕、鲸胃中未消化的乌贼残骸，或渔民们口耳相传的恐怖事件中来拼凑真相。

大王乌贼首次被近代科学知晓，要一直等到1857年，一艘法国军舰捞到了它巨大的尸体。此后，随着被冲上海岸的大王乌贼尸体越来越多，我们对这种动物的了解逐渐多了起来。

最大的无脊椎动物——大王酸浆乌贼

大王乌贼主要产于北大西洋和北太平洋，通常栖息在深海区，雄性身长约10米，重150千克；雌性身长能达13米，重275千克。它们有着羽状的角质内壳（Gladius），触肢上有巨大的吸盘，是非常危险的掠食者。

不过，大王乌贼并非是体形最巨大的无脊椎动物，近年来，生物学家在南极外海发现了体形更大的大王酸浆乌贼（*Mesonychoteuthis hamiltoni*）。2007年，一艘新西兰渔船在南极罗斯海域捕获到未成熟个体，此个体长10米，体重达450千克，眼睛直径达30至40厘米。它是因为紧紧咬着一只已上钩的南极美露鳕（*Dissostichus mawsoni*）而被一起捞起的，船员们花了2个小时才将其从海里捞上船。

目前，体形最大，并经证实的大王酸浆乌贼的体长达到18米，比大王乌贼足足多出6米。如果按照学名的字面意义，*Mesonychoteuthis*应该翻译为“中爪乌贼”，或俗称“南极巨乌贼”。将其称为“大王酸浆乌贼”，可能是因为它出水后呈现酸浆的颜色，这个名字实在可爱过了头。

大王酸浆乌贼的眼睛直径与嘴喙的大小均凌驾于大王乌贼之上。而大王酸浆乌贼与大王乌贼的主要差异，体现在触手的构造上，前者有着约5厘米长的钩爪，后者没有钩爪，但是周边附有硬质锯齿的吸盘。

头足动物的分类指南

曾几何时，乌贼、章鱼、鱿鱼、柔鱼……这些软一团、须一把的软体动物经常困扰我们脆弱的神经——这些东西是吃再多次也不可能分辨得出来的，因为一旦通俗的叫法与学名混在一起，分辨物种的世界观随之崩坏，大家就再也弄不清楚它们之间的异同。其实，它们都属于头足纲动物，这个门类包括了著名的鹦鹉螺、菊石、箭石、十腕、八腕这五大类，其中的菊石和箭石已经全部灭绝，鹦鹉螺现存寥寥，就剩下十腕和八腕还在繁衍生息。

十腕和八腕的集合也被称为二鳃类，那是因为它们都具有一对鳃，不同于其他三类头足动物的两对鳃。此外，它们都具有钙质、几丁质或角质的内壳，也有部分无壳；有腕8或10条，腕上具有吸盘；漏斗为一条完整的管子。

十腕类动物的部分特征如10条腕，其中两条触腕特别长，仅在末端有吸盘；内壳由石灰质或角质构成；胴部两侧大部有鳍。这类动物包括了各种乌贼，比如深海乌贼、大王乌贼、枪乌贼、柔鱼、武装乌贼等。而“鱿鱼”是中国枪乌贼（*Loligo chinensis*）海鲜干品的俗称；中国台湾地区的“软丝”是指莱氏拟乌贼（*Sepioteuthis lessoniana*）；“墨鱼”或称“墨斗鱼”是中国人饭桌上的常客，它是曼氏无针乌贼（*Sepiella maindroni*）；“柔鱼”

（*Ommatostrephes*）同样是著名的海产，它与枪乌贼极其相似，只有一些不明显的形态学差异，但尺寸上要小于枪乌贼。

八腕类动物顾名思义，有8条腕，均较长，大小相同；吸盘没有柄，也没有角质环及小齿；内壳退化或完全消失，伞膜发达。这类动物分为幽灵蛸（*Vampyroteuthidae*）和章鱼（*Octopoda*）两大类。

其中幽灵蛸又称“吸血鬼乌贼”，是一类残留的活化石，那副长相就像从午夜科幻电影中逃出来的小妖，既可怕又有爱。它身体上长着两只大鳍，看起来像两只耳朵一样；比起乌贼或章鱼，它更像一只水母；虽然是个小动物，但眼睛却大得不合比例。

章鱼是沿海人民喜闻乐见的美食，又被称为八爪鱼、蛸。章鱼热衷于吃虾、蟹等甲壳类动物，有时候就算在体形上没有胜算，也要去拼个你死我活，这其实并不是因为它是吃货，而是为了夺取甲壳类身上的虾青素。虾青素是章鱼保证自身肌红蛋白结构稳定而不被氧化的必要原料。

沦为佳肴的史前亲戚

说回大王乌贼和大王酸浆乌贼，这两种动物依然是大神般的存在，其生活习性及行为都还鲜为人知。但有一点可以肯定，这些现生的巨大乌贼并不是地球海洋上首批大型的头足类动物。或许我们可以感到庆幸，因为终于有一种动物，它的体形竟然大于其恐龙时代的祖先！（当然，后起之秀哺乳类除外。）在距今7000万年前，北美西部内陆海道的史前海洋中，同样存在一种远古版本的“大王乌贼”，那就是托斯特巨蛸（*Tusoteuthis*）。

托斯特巨蛸又称为托斯特巨鱿，其套膜长度可能近似于现生的大王乌贼，长约6至11米，触手向外伸开，但它却属于幽灵蛸类，与章鱼的亲缘关系要大于乌贼。头足动物在当时的北美西部内陆海道中很是丰富，除了托斯特巨蛸，还有肯萨斯蛸（*Kansasteuthis*），恩奇蛸（*Enchoteuthis*），尼奥布拉蛸（*Niobrarateuthis*），等等。不过，我们的标本并不理想，这是因为软组织很难保存为化石，这类动物只能留下容易矿化的角质内壳。所以，我们对史前乌贼或章鱼的了解，只能来自于将那些残留的内壳化石与现今的头足类进行对比。

仅从内壳来判断，这些巨鱿的共同祖先可以追溯到距今3.8亿年前的泥盆纪。此后它们多次独立演化出巨大的体形，比如章鱼类的索尼亚章鱼（*Boreopeltis*），来自澳洲；幽灵蛸类的托斯特巨蛸、尼奥布拉蛸，来自美国；以及现生的管鱿类的大王乌贼和大王酸浆乌贼。这些巨鱿的内壳形态有着较大的差异：大王乌贼内壳较长，曲条，呈羽状；托斯特巨蛸内壳较为粗大宽阔，带瘤状物，呈叶形锥体状；尼奥布拉蛸内壳结实强健，呈圆形船桨状。这些差异也会导致它们外观的不同，但具体情况我们无从得知。

托斯特巨蛸等巨鱿可能以其他头足类动物、鱼类或小型的水生爬行动物为食，但它们的体形在当时根本不算什么，所以经常被当成菜。试想一下，当托斯特巨蛸好不容易演化成这么个大块头，却悲凉地发现自己依然是一盘菜，一定会摔瓦蛤泄愤吧。而它的后代亲戚，现在也依然是大型齿鲸的菜，这一族什么时候才能逃过这些小圆锥形密集齿的追杀啊！

"托斯特巨蛸菜"，是有化石证据的。大量北美西部内陆海道的掠食性鱼类，大型海生爬行类如沧龙类及蛇颈龙类，都喜欢吃托斯特巨蛸。古生物学者在怀明俄州皮埃尔页岩发现的怀特克莱鱼（*Cimolichthys nepaholica*）的食道中就有托斯特巨蛸的内壳。怀特克莱鱼是一种大型的硬骨鱼，牙齿呈圆锥形，间距宽阔，以此来刺破猎物，同时也具有强大的爆发力，是西部内陆海道最常见的捕食者之一。这件怀特克莱鱼化石并不完整，只剩下1.52米长，但托斯特巨蛸的内壳却长达66厘米。从化石上看，这只幼年的托斯特巨蛸这次没有吃亏，因为虽然内壳在鱼胃中，而鱼嘴巴仍然被它撑开。怀特克莱鱼死不瞑目，不闭嘴的原因可能是托斯特巨蛸在反抗的时候，触手及头部阻塞并破坏了鱼鳃，令怀特克莱鱼窒息而死。

另一次，美国科罗拉多州大学博物馆的古生物学者，在一件长1.28米的托斯特巨蛸标本上发现它的龙骨轴上有3个咬痕，强大的咬力甚至让龙骨轴的结构发生扭曲，两个咬痕之间的间距达到31厘米。这些证据都表明凶手是沧龙类的海王龙（*Tylosaurus*），它从倾斜的角度攻击了这只托斯特巨蛸，并给猎物造成了极大的痛苦。

此外，一些粪便化石也构成了证据的一部分，这些粪便化石属于一些大型掠食性鱼类，其中不但含有各种鱼类的牙齿及椎骨，还有托斯特巨蛸内壳的碎片。

以上这些掠食证据有没有让你觉得一丝异样呢？对了，那就是水深。托斯特巨蛸和大王乌贼的另一大差异，在于它们的生存环境的水深截然不同。大王乌贼生活在900至1000米以下的深海，而托斯特巨蛸却生活在不足200米的水域，这也是西部内陆海道的普遍深度。此外，沧龙类也不是深潜的能手，所有的袭击应该都是发生在上层水域。

章鱼烧，大阪第一美味！

由于托斯特巨蛸以上层水域为主要栖息地，所以并不难捕捞，普通的大型拖网渔船就可以轻易搞定。而学者们在分类上倾向章鱼而非乌贼，也直接为它成为经典的章鱼烧埋下伏笔。

章鱼烧或许有一个更加让你觉得亲切的名字——章鱼小丸子。它起源于大阪，已有70多年的历史，如今已然是日本的国粹小吃。在日本任何一个城市，你都可以在主要道路上发现一个个小巧的、装修却很是考究的章鱼烧店。而要介绍章鱼烧的由来，就不得不先提及“明石烧”。因为明石烧是章鱼烧的父母辈，我们现在所看到的章鱼烧，便是由明石烧演变而来。

“明石”其实是日本关西地区的一个地名，叫明石市。明石市有一种叫“鸡蛋烧”的小吃，做法是用鸡蛋和面粉将章鱼裹起烤熟之后食用，圆圆黄黄、软软乎乎的，当地人称之为“鸡蛋烧”。后来，鸡蛋烧流传到大阪等其他地区，大家便以地名呼之，称为“明石烧”。

到了昭和八年（1933年），有一位叫远藤留吉的人，在大阪的今里开了个小排档，卖一种用面粉加魔芋粉，再裹入牛肉，然后蘸上酱油佐食的球形小吃。当时，收音机是十分时髦的玩意儿，就像现在的ipad一样，这种球形小吃很像收音机上的球形按钮，所以，被人们称作“收音机烧”。

有一天，一位客人在远藤的店里吃完“收音机烧”之后，不经意间提到了明石市的“鸡蛋烧”，但那里面裹的是章鱼肉，味道非常好。说者无意，听者有心。就因为客人的这一句话，章鱼烧诞生了。而发明了章鱼烧的远藤留吉，便是著名的章鱼烧“鼻祖”会津屋的创始人。

因为混合了“收音机烧”和“鸡蛋烧”的优点，味道鲜美的章鱼烧很快就在日本各地流传开来，成为男女老少人人喜爱的大众小吃。不但有一大群“章鱼烧”的粉丝成立了专门的“章鱼烧同盟会”，甚至有一颗日本人发现的小彗星都被命名为“章鱼烧”。

作为一种快餐，章鱼烧并不难做，但是无论如何，你都需要一个章鱼烧面丸煎锅。面丸煎锅其实就是一个锅底带圆洼的铁锅，这在大阪的千日前道具屋筋商店街可以轻易买到，据说大阪人家家户户都备有一个。

现在我们就开始做托斯特巨蛸烧吧。首先我们需要把托斯特巨蛸切成小块，这可能是一个大工程，但没有捷径，只能挥洒热汗了。接着，按照下文中的两个步骤，就能做出金黄娇嫩的托斯特巨蛸烧了。

这个过程虽然简单，但其中的面糊和调味汁却是形成这道菜不同风味的关键，这就需要自己发挥创意了。实在不行的话，原汁原味的“托斯特巨蛸烧”也是可以的。如此制备的托斯特巨蛸烧有着正宗的大阪风味，外脆内滑，金黄娇嫩，包含着托斯特巨蛸的鲜美和柴鱼花的清香，百种滋味混在一起，却又层次分明，令人赞不绝口呢。

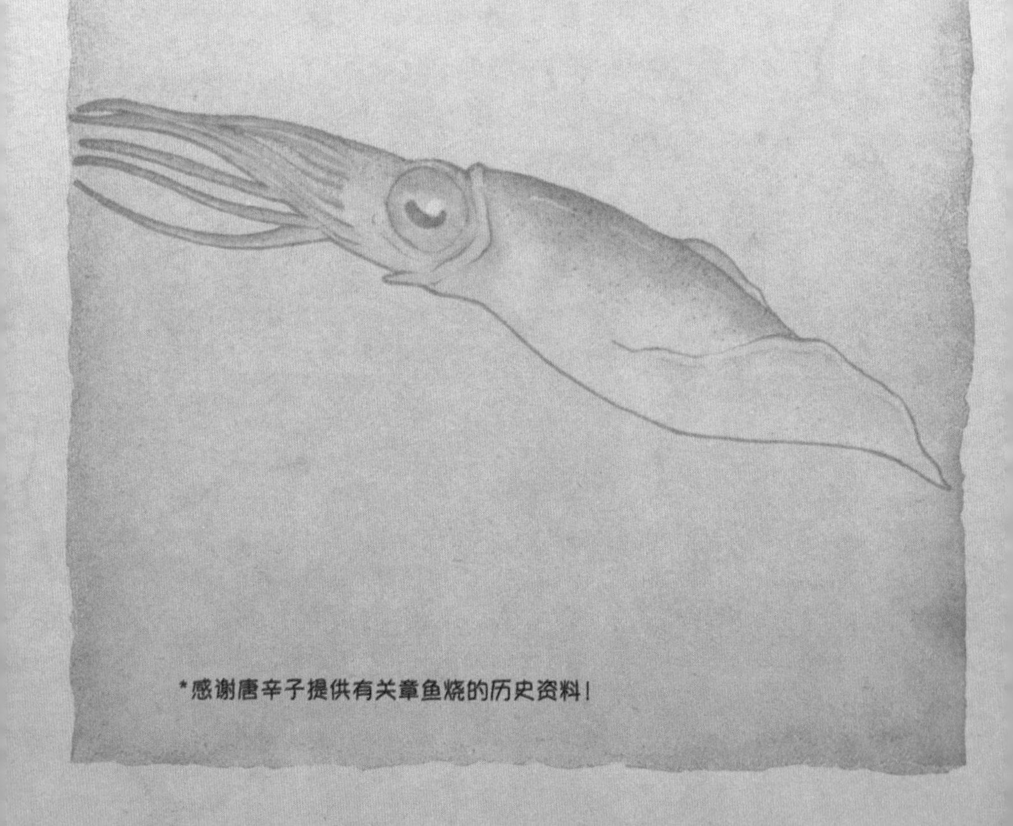

*感谢唐辛子提供有关章鱼烧的历史资料！

步骤一 STEP 1

用水将小麦粉调开，加入汤汁、调味料、鸡蛋等；将切成小块的托斯特巨蛸以及切碎的葱、生姜、油炸物碎渣掺入调好的面糊里；煎烧时，用铁钎敏捷地将倒入圆洼的面糊迅速翻动，翻动数次后就成圆圆的面丸了。

步骤二 STEP 2

最后在上面撒上美乃滋和一点点鲜美的海苔及柴鱼花，还可以根据自己的喜好佐上章鱼烧酱、芥末酱等。

爽口弹牙的鱼龙肉丸

REFRESHING AND CHEWY-ICHTHYOSAURIA MEATBALLS

鱼龙是整个鱼龙类的代表，它身长2至5米，眼睛巨大，耳骨强劲，卓越的视力与听力能帮助它们更好地捕猎和防御。鱼龙天生一副富贵相——胖乎乎、圆滚滚的，并有大大的背鳍和尾鳍，看上去有点类似海豚。

追寻史前大洪水的铁证

1708年深秋的一个黄昏，残阳沉沉地坠着，大地笼罩在一片血色中。

在德国纽伦堡市郊的阿特多尔夫镇郊外，两个人影一前一后地走着，他们小心谨慎，不时来回张望着——这两位是阿特多尔夫大学的博物学家，一位叫畲赫泽（Johann J. Scheuchzer），另一位是兰汉斯（Gibet Langhans），他们正是要去村边的绞刑场做些科学研究。迫于当时的宗教压力，古生物学者搞起研究来简直像偷鸡摸狗一样。

说话间，两人来到了绞刑场，畲赫泽负责把风，兰汉斯则颤颤巍巍地走进了场子里。当他紧张地收集着研究用的标本时，突然看见一块石灰岩里镶嵌着8块黝黑的脊椎骨，在落日余晖中，它们显得闪闪发亮。兰汉斯早已被周遭环境吓得魂不守舍了，他用发抖的手捡起石灰岩，用力抛到墙外去。外边的畲赫泽也顾不得多想，他匆匆捡起其中两块骨头，然后两人便一起遁回了夜色中。

畲赫泽来自瑞士，是名医之子，毕业于苏黎世大学。他精通医学、数学和物理，也是古生物学的先驱。他深信，《圣经》中所描述的在大洪水中灭绝的生物残骸，是上天对后代生物的一种警告。畲赫泽善于用幽默的方式来捍卫自己的立场，他撰写了《鱼儿的诉苦和呼吁》，为鱼儿大喊不平，认为这些变成化石的鱼都是被人类所害，要不是上帝要惩罚“恶人”而引发大洪水，鱼儿也不会如此悲惨。不过，大洪水中的恶人，他们的下场又如何呢？或者说，他们的化石在哪里？

畲赫泽认为，他从绞刑场带回来的骨头就是死在诺亚大洪水中的人类，为此还专门写了篇文章详细描述这位“被诅咒的家伙”，令这几块脊椎立刻名声大噪，被视作史前大洪水确实存在过的不容置疑的铁证。其实，这几块脊椎应该就是我们最早认知的鱼龙化石之一。

自那以后的100年里，欧洲各地又陆续发现了一些鱼龙的破碎化石，但始终没什么人注意过这种动物，稍微留意一下的也是把它说成“大洪水受害者”。转眼到了1803年，终于在英国发现了一具完整的鱼龙化石，这具化石由牧师霍克（Peter Hawker）收藏，他在1807年的一份通俗杂志里提到了这具化石，他认为这是一只鳄鱼。令人无比遗憾的是，霍克始终没有向学术性杂志报告这个发现，这具世上最早发现的鱼龙化石只能落寞地待在地下室里，最后竟不知所终。

别了，励志形态的玛丽·安宁

历经磨难，鱼龙现在要见到玛丽了。“Mary”在英伦或是所有英语国家都是一个极为常见的名字，其中扛大旗的要属生下耶稣的圣母玛丽亚，她的名字就叫Blessed V. Mary。而在希伯来语中，Mary意为“苦”，唤此名字的人，据说多半会文静、温和。

有趣的是，在古生物学中，玛丽这个名字则是非常出彩，因为玛丽们已经揽获了大量的古生物发现，比如玛丽·安宁（Mary Anning）发现了鱼龙与蛇颈龙，玛丽·安（Mary Ann）帮助丈夫发现了禽龙，玛丽·利基（Mary Leakey）在非洲发现了大量古人类化石，所以说“玛丽”这个名字是古生物研究史中不灭的幸运星。

国内的很多科普书，都把安宁描绘成为古生物事业奋斗终生的人，简直就是红白机时代的超级玛丽，一篇可以归入励志类的史诗。但是，实际情况是什么样子的呢？

我们先来了解安宁的家乡——莱姆镇，它被称为“多塞特的明珠”，以丰富的化石资源闻名于世。这处海滨至少在三部名著中被着重描写过，赫胥黎的《天演论》，约翰·福尔斯的《法国中尉的女人》，还有简·奥斯汀的《劝导》。

简·奥斯汀曾经描写道：“……引人遐想的山岩间，丛林稀疏，果园里却果实累累。沧桑变迁的遗迹依稀可辨，多少年前的崖壁断裂坍塌后，几经风蚀，形成了这片使人赏心悦目的风景区，几可与闻名遐迩的怀特岛相媲美。”

而简·奥斯汀的哥哥，曾是一名舰长，服役于英国皇家海军舰队，参加过后风帆时代规模最大的特拉法尔加海战。战后，奥斯汀一家到莱姆镇度假，在奥斯汀的哥哥写给妹妹卡桑德拉的信中，提到过一个叫理查德·安宁（Richard Anning）的木匠，说是这位不信国教的木匠手艺十分了得，但仍在温饱线上挣扎。

而这位莫名其妙在历史上留下印记的理查德·安宁，就是玛丽·安宁的老爸。1810年，他病入膏肓，驾鹤西去，抛下妻子、13岁的幼子约瑟夫（Joseph Anning）和11岁的女儿玛丽。

理查德一共有过10个孩子，但是他们生活在剥削最为残酷的资本主义原始积累时期，有8个孩子先后因为饥寒交迫而夭折了。理查德死后，留给妻子和两个孩子的是家徒四壁和一屁股债务。

穷人的孩子早当家，自约瑟夫懂事以来，他就常常带着妹妹去海边悬崖挖些化石卖钱，这门技术是他父亲一手传给他的。此后，玛丽就跟着哥哥去海滩捡贝壳和采集小化石，然后将它们卖给游客。后来，人们普遍认为，她的经历就是那首著名的绕口令《她在海边卖贝壳》的原始素材。

1811年（一说1809或1810年），约瑟夫在一处断壁上发现了一个长达1.2米的头骨，他兴奋极了，赶紧发动全家人去挖掘。当时年仅12岁的玛丽也参加了发掘，并显示出了她对这项工作的惊人天分，无比的细心让她发现了这只巨兽长达5.2米的躯体，而这具化石很多精致的部分，比如像玉米棒的鱼鳍、面包圈式的眼睛都是由她采集出来的。安宁一家经过近一年断断续续的挖掘，终于可以把这具完整的动物化石拿去兜售，并对外宣称是"史前大鳄"。这件化石就是世界上第一件鱼龙化石。

尽管安宁一家挖出的化石很出名，但他们始终生活在穷困之中。直到19世纪20年代，一位富有善心的收藏家在了解安宁家的窘境后大发慈悲，把自己的上等化石藏品全部拍卖并将所得赠给安宁家，他们才终于过上了温饱的生活。也就在这一时期，玛丽有了第二个重大发现——她找到了完整的蛇颈龙化石，并最终成为名垂千古的化石采集大师。

我国的许多科普读物都爱把安宁塑造成为古生物事业奋斗终生的人。其实，挖化石只是安宁一家得以活命的唯一保证，什么"热爱"之说根本无从谈起。对于化石，安宁手中所有的工具就是榔头和篮子，此外还有一只非常可爱的黑白相间的小猎犬，这只嗅觉敏锐的小狗常常与玛丽一起寻找化石。但小狗在后来一次外出中，因为坚守在一块化石旁边作"地标"，而被崩塌的岩石压死了，成了科学的殉难者。和简·奥斯汀一样，安宁终身未嫁，48岁那年在乳腺癌的折磨中去世，这是后话了。

约瑟夫和玛丽发现的化石很快被一位叫霍姆（Everard Home）的英国解剖学家买下，成为世界上第一具被带入科学殿堂的完整鱼龙化石。霍姆对它进行了反复的研究和思索，但是他仍然没能跳出传统思维的桎梏。他最初将其鉴定为鱼，后来又认为它与鸭嘴兽有亲戚关系，最终他认定这些化石的近亲就是现存于南斯拉夫河流中的、曾被认为是飞蜥幼体的洞螈，与蝾螈是亲戚，并最终于1814年将其命名为蝾螈龙（*Proteosaurus*），宣称这是鳄鱼和蝾螈的过渡品种。

直到1821年，鱼龙艰难的正名史终于现出了一丝曙光。大英自然史博物馆矿物馆的柯尼比尔（William D．Conybeare）在这一年研究了这种动物的化石，他不同意霍姆的观点，认为这是鱼与蜥蜴的过渡生物，因此定名为鱼龙（*Ichthyosaurus*），这是科学界首次给这种动物确定学名。

随着鱼龙名正言顺地走入古生物学殿堂，在之后的几年里，康尼贝尔、居维叶、欧文以及其他英法德古生物学者都对这种奇妙的生物进行了真正细致、深入的研究分析。居维叶曾对鱼龙有过较形象的描述："鱼龙具有海豚的吻，鳄鱼的牙齿，蜥蜴的头和胸骨，鲸一样的四肢，鱼形的脊椎。"居维叶指出它们是一类古老的爬行动物。1839年，欧文将鱼龙和鳍龙类合并，作为一类，称为"*Enaliasauria*"，包括两个目：鱼龙目和蛇颈龙目。至此，鱼龙守得云开终见日，在忍受了长达150年的误解和冷落后，一举成为世界古生物学研究中的热点。

最早成功重返大海的爬行类

现在我们知道，鱼龙根本不是什么鳄鱼和蝾螈、鱼与蜥蜴之间的动物，而是一种独立的鱼形爬行动物。它们是中生代最早成功重返大海的爬行类，尽管在鱼龙之前也有动物做过这方面的尝试，但都无一例外地失败了。

鱼龙是整个鱼龙类的代表，它身长2至5米，眼睛巨大，耳骨强劲，卓越的视力与听力能帮助它们更好地捕猎和防御。鱼龙天生一副富贵相——胖乎乎、圆滚滚的，并有大大的背鳍和尾鳍，看上去有点类似海豚。目前我们已经发现了数百件鱼龙化石，其中一些化石的肚子里还有小鱼龙宝宝，这表明这种动物是卵胎生的。从鱼龙的粪便化石来看，它们的日常食物至少包括了鱼类和鱿鱼。

如果我们能亲手解剖一条新鲜的鱼龙，下刀之初一定会大吃一惊。它怎么具有如此弹性十足的表皮？这是因为鱼龙的表皮与鳍含有大量的胶原蛋白，这层胶原质极为纤细，互相交织形成令人称奇的网状结构，使得皮肤极具弹性。

在富含胶原质的皮层下，是厚厚的皮脂层。和鲸豚一样，鱼龙经常会闯入较深的海域追杀猎物，所以需要发展出御寒的武器，这就是皮下的脂肪。

脂肪堆积在皮肤深处形成皮脂层，其功能就如同大衣或潜水衣一般，具有相当好的隔热效果，可以防止体温散发到体外。我曾经在加拿大西北边陲育空地区（Yukon Territory）北极圈附近的原住民家中品尝过鲸脂。按此说来，鱼龙的皮脂也可以吃，味道可能有点像鱼肝，多嚼几下又有腰果的味道。

潮州牛肉丸的启发

剩下的大片大片鱼龙肉要如何处理呢？

这里推荐以潮州牛肉丸的方式来处理。牛肉丸本身是一种极普通的小食，这种用牛肉做成的肉丸，早已经走出潮州，成为各地火锅店的常备菜。

潮籍军旅诗人郭光豹曾经写过贺龙元帅吃牛肉丸的真实旧事。说的是当年元帅视察驻汕头部队，吃到鲜脆无比的潮州牛肉丸，顿时赞不绝口，并唤来厨师老蔡，当下就要敬酒。酒毕，元帅好奇牛肉丸是如何做成的，老蔡一时也说不出所以然来，只得捞出两粒牛肉丸朝地上一扔，只见那丸子像乒乓球一样高高弹起，他又从厨房拿出两把铁棍，回答说“就用这家伙将牛肉片打烂，切不可用刀子剁碎，这样丸子才能弹得起来，入嘴才有脆感”。

不管这是一则传奇还是确有其事，里面关于制作牛肉丸要诀的描述却是千真万确，在潮州家喻户晓。其原理大概是，铁棍捶打能使肉浆保持较长的肌肉纤维，从而在成丸后产生强韧的弹性，这也是潮州牛肉丸和其他所有肉丸的区别。

此后，牛肉丸更因为周星驰和莫文蔚在电影《食神》中以“爆浆濑尿牛丸”影射而被公认为天下第一丸。电影中那段肉丸乒乓球比赛，以及“每咬一口，都有鲜美的汁水喷出”的台词，简直将牛肉丸的魅力与特色展现成一段传奇。

我们可以用下文中介绍的步骤，以牛肉丸的制作手法来做出光滑香脆，富有弹性，非常爽口的鱼龙肉丸。鱼龙肉丸既吸收了正宗潮州牛肉丸的制作工艺，其本身又具备了爬行类、水生动物的双重肉性，味道一定更加鲜美。

鱼龙肉丸用作正餐可能差点，最棒的应该是作为夜宵。想象一个略感肃杀的沉闷冬日，二更时分，肚子咕咕诉苦，此时突然出现一碗热气腾腾的鱼龙肉丸汤，上面撒上蒜头、芹菜粒，夹起一颗丸子，蘸蘸辣椒酱或沙茶酱，“啊呜”一口吞下，满足感顿时发散到全身——有夜宵如此，夫复何求？

步骤一 STEP1

选用新鲜的鱼龙肉，把筋脉剐得干干净净，放于厚砧上；用两根各3斤重、面呈方形或三角形的特制铁棒，左右开弓，猛力反复匀称地捶打，直打至鱼龙肉烂碎像稠糊酱一样，或肉浆黏手不掉下为止。

步骤二 STEP2

加上鱼露及一些粉精，再和上少量的、切烂的细小鱼龙鱼脂丁或鱼龙头上的边角肉；然后用手抓肉浆，握紧拳头挤成丸，用羹匙尖刮下来成丸，氽进温水盆里。

步骤三 STEP 3

再用慢火煮鱼龙肉丸约8分钟，即可捞起。煮鱼龙肉丸要注意，不能用清水，而是要选用鱼龙肉、骨熬汤来煮，这样就能保证在煮肉丸时，肉丸的肉味不会渗透到汤水中，从而使肉丸保持浓郁的"龙肉味"。此外，煮的时候不能一意猛火猛攻，火太猛常会造成肉丸夹生；但火候也不能太缓，缓火则会使它的表皮不够光鲜，口感不够爽脆，所以火候猛缓要调节得宜才行。

步骤四 STEP 4

热气腾腾的鱼龙肉丸汤，配上辣椒酱或沙茶酱，真的是太完美了。

CHAPTER 5

主菜：禽鸟肉类

猛犸象肉入口的时候，

我想到了残剑横刃；

当它接触牙齿的时像，

犹如童年的古生物爱好者之梦和我融合；

当它抵达味蕾的时候，

我看到了猛犸死前的一幕幕……

似乎真的穿越了四五千万年！

HOW ARE YOU TODAY? FRIED TYRANNOSAURUS, PLEASE

身长达12.8米，身高5.48米，臀高约3.9米（以最完整的暴龙Sue为例）。暴龙的身体就是专为袭击其他恐龙而设计的：长1.55米的头颅长而窄，颈部短粗，身躯结实，后肢强健粗壮，尾巴向后挺直以平衡身体，前肢细小得不成比例，仅有两只较弱的手指。

暴龙，古生物史上的最强偶像

金黄香脆的外皮，鲜嫩多汁的鸡肉，炸鸡是男女老幼都爱吃的一道美食。那么，在那遥远的史前，难道我们可以找出类似炸鸡口味的食材？当然有，那就是暴龙（*Tyrannosaurus*），它还有个更加朗朗上口的名字——霸王龙！

暴龙是什么？它是古生物史上的最强偶像，自从1905年命名以来就一直长盛不衰。由它领军的“恐龙文化”从惊悚刺激的噱头，到点燃孩童求索的愿望，牢牢占据了百年人心，绝对是一位“八位一体全栖娱乐明星”。

早在1905年，美国纽约自然史博物馆的奥斯本便命名了暴龙。强大的美国，配上最强大的恐龙，国民沸腾了起来，从煤矿工人到议员都心里美滋滋地想着：“我们这大baby，一只就可以摆平老欧洲的全部龙呢！”

毕竟这是当时所知的，有史以来生活在地球上的最大型肉食性恐龙！在此之前，人们根本无法想象他们的家园以前居然生活着如此庞大的动物——身长达12.8米，身高5.48米，臀高约3.9米（以最完整的暴龙Sue为例）。暴龙的身体就是专为袭击其他恐龙而设计的：长1. 55米的头颅长而窄，颈部短粗，身躯结实，后肢强健粗壮，尾巴向后挺直以平衡身体，前肢细小得不成比例，仅有两只较弱的手指。

最要命的是暴龙两颊肌肉发达，口中58至60颗牙齿密布，形状类似香蕉，最长的竟达30厘米，被称为“致命的香蕉”——这根“香蕉”的三分之二以上其实是埋在牙龈里的。还有非常细腻的锯齿围绕着“香蕉”的前后两面，它们的作用像小钩，锯齿刺穿肌肉时，钩子能钩住肉的纤维，将其置于锯齿间。锯齿间有利刃般的齿缘，足以撕裂纤维。

但是，从炸鸡联想到炸暴龙，是不是有点无厘头？不，这应该是我们这本书中最有科学根据的“古龙今烹”。那是不是要复活暴龙，然后把它们赶入养殖场批量生产？复活？等一下，你说到“复活”了吗？

这是我在所有恐龙讲座中必遇的可怕问题，也表明了电影《侏罗纪公园》的票房有多高，“流毒”有多深。这是我当初翻译电影字幕的时候始料不及的。

《侏罗纪公园》“克隆恐龙”的病毒已经尽数侵入了观众的“脑系统”，让他们相信可以从琥珀中的蚊子体内抽出恐龙血，提取DNA，修补后克隆出大批恐龙。这显然没有具体的科学根据，也就是说思路是浪漫的，现实是行不通的。不过，现实有时候就是这么奇妙，在大家都认为不可能的时候，必定会有时代的强人站出来吼一声，现实顿时柳暗花明。

地狱溪的意外发现

2003年，蒙大拿州拉塞尔保护区的地狱溪组地层，著名的恐龙猎人、蒙大拿州洛矶山博物馆的霍纳（Jack Horner）教授带领一支挖掘队正在采集一件暴龙化石。

地狱溪组是什么？地狱溪组在恐龙研究上极为重要，因为它是世界上蕴藏晚白垩世恐龙化石最丰富的地区之一，而且是已知少数跨越K/T界线［指介于白垩纪（Cretaceous Period，简写为K）与第三纪（Tertiary Period，简写为T）之间的界线］的恐龙化石层之一。使地狱溪名声远扬的是1902年在此发现的第一具暴龙化石。迄今世界上24具较完整的暴龙骨骸中有11具是在这里被发现的。

在6500万年前，地狱溪组是一片广袤的桃源之地，平原上遍布小溪与河流，温暖的气候与丰富的雨水滋养着大片针叶林与开花植物，与此相适应的是大群动物，龙啸兽嚎鸟鸣，好不热闹。所以今日的地狱溪地区虽是鸟不生蛋的恶地，却成为古生物学家的天堂。

霍纳带队在拉塞尔野生保护区挖掘到这头暴龙，编号为MOR1125。挖掘结束后，霍纳调动直升机把化石从荒郊运至博物馆。这时候，一根包裹在围岩中，残长约1. 07米的大腿骨化石对直升机来说过于巨大，霍纳不得不把它切成两段。

古生物研究就是这样充满意外，就在霍纳还在为如何黏合这两块巨骨而郁闷不已的时候，蒙大拿波兹曼实验室的古生物学研究生施韦策（Mary H. Schweitzer）却有了意外的发现。

施韦策的同事指出，显微镜下那薄薄的化石切片中好像有一些红色的小球。施韦策当时就觉得，一定是哪里搞错了吧？毕竟，传统的古生物学观点认为，动辄上千万年的恐龙化石里只会留下矿化的不活泼物质，所有的有机物质，如细胞、组织、色素和蛋白质都已经消失殆尽。

但眼前的景象却令人摸不着头脑，在那浅黄色的坚硬组织里，有一条蜿蜒的血管，一些微小的构造就位于血管中，每颗小红球都有一个暗色核心，非常类似细胞核。这正是爬行动物、鸟类等非哺乳类动物的血球特征，因为哺乳动物的红血球并没有细胞核。

霍纳听到了这个有趣的消息，匆匆赶来，作为一位患有阅读障碍症、思维方式不同于常人的古生物学者，他注定是施韦策的伯乐。他凝视着显微镜下的物体，目瞪口呆，片刻之后，他抬起头来看着施韦策，皱起眉头问道："你认为它们是什么？"

"我没有主意，但是它们的大小、形状和颜色，确实很像血球，而且出现的位置也符合。"施韦策小心翼翼地答道。

"那你就去证明它们不是！"霍纳坚定地说。

这一句话改变了施韦策的研究方向，她向这个让人难以抗拒的挑战进发了！如果尽全力也不能证明它们不是血球，那么她就有惊人的大发现！

从那时起，施韦策主导的研究工作紧锣密鼓地开始了。因为骨组织是由蛋白质等有机物分子和矿物质构成的，如果对骨组织进行脱矿物质处理，剩下的就是主要由蛋白质构成的软组织。而骨骼中有机物的70%至80%是胶原蛋白，骨骼生成时，胶原蛋白必须合成充足的胶原纤维来组成骨骼的框架。

于是，施韦策从大腿骨的骨髓腔中取出海绵状的骨髓软组织，先用弱酸沉淀剂沉淀出化石矿物质，发现剩下的物质呈线形相连，且具有延展力，看起来有点类似微血管。之后再经过一系列的脱矿物质处理，最终留下的软组织呈赭色，柔软，透明，富有弹性。

到了这一步，施韦策已经能分辨出软组织中有血管、骨细胞、成骨细胞及其他有机结构的痕迹。最令人惊讶的是，其中一些半透明的组织非常柔软且具有伸缩性，这是非常罕见的。通常，当一只动物死去，其尸体上除骨骼外的有机物很快便腐烂掉，若有机会深埋地下，并遇到合适的环境，动物骨骼就会逐渐化石化，骨骼被矿物质取代，变成化石。除了形状以外，其他的结构与原来都大不相同了。所以古生物学的传统理论认为，化石中有机物的保存年限不超过10万年。而MOR1125能打破常规，把软组织保存至今，其原因极可能是恰好埋藏在几乎无氧的密闭环境中。

其实，这样的软组织对施韦策团队来说并不罕见，在研究MOR1125之前的1997年，团队在地狱溪组发现的两具暴龙和一具鸭嘴龙化石的骨骼中就发现过类似的软组织，甚至还曾经在一块具有血管通道的暴龙骨骼剖面上观察到类似红血球结构的物质，但后来因缺乏更确凿的证据而没有了下文。直到此次遇到如此宝贵的标本，又经过17次反复实验之后，施韦策才正式披露了这个发现，将结果发表在Science（《科学》杂志）上，往古生物学界投入了一颗重磅炸弹，大家充分意识到，分子古生物学的时代到来了。

《侏罗纪公园》将真实上演？

与预料中的一样，这个研究结果发布之后，媒体开始从各方面大肆炒作，并殊途同归，都直奔提取DNA制造恐龙的噱头上去了——从“《侏罗纪公园》将真实上演？”，“美实验室复活恐龙？”到“复活恐龙是否干预自然？”，诸如此类标题铺天盖地。搞得施韦策等人哭笑不得，不得已做了一个答观众问，断然否定克隆恐龙云云。

她在记者会上表示，虽然团队正在继续对MOR1125标本做进一步分析，来确定实际保存下来的软组织存在着多大的变化，但是想从其中萃取出DNA来研究恐龙的遗传，是几乎不可能的事情。至于用DNA从事复制实验，更是无稽之谈了。

“即使我们万一发现了恐龙的DNA，那也将是很小的碎片。如果要克隆恐龙，就必须把DNA碎片按照正确的顺序排列好，染色体的数目也不能弄错。在没有任何样本的情况下把碎片按照正确的顺序排列起来是不可能的。”施韦策说，“接着，还必须在合适的细胞里进行培养，外界的化学因素、环境因素和荷尔蒙也必须适时配合。这一切几乎是不可能办到的。得到DNA并不意味着就能克隆恐龙，何况我们现在尚未发现DNA。”

但即便没有DNA，还有蛋白质。此时，施韦策遇到了阿撒拉。阿撒拉毕业于哈佛大学，在美国波士顿贝斯以色列女执事医疗中心工作，正致力于研究一种精确的质谱测量，来帮助探测一种名为缩氨酸的蛋白质碎片，用于癌症研究。施韦策对质谱分析并不陌生，这其实是一种常见的地质学研究方法，一般用来分析痕量或微量元素的质量。而将其用于分析蛋白质序列，对分子古生物学来说则是一种新的方法，施韦策为此兴奋不已，希望看看是否也能从暴龙的大腿骨中检测出蛋白质。

结果令人无比振奋，阿撒拉一下子从暴龙骨中检测出7种不同的蛋白质。然后，阿撒拉将它们与现代生物体内的蛋白质进行了比对，结果显示鸡有3种蛋白质与之匹配，蝾螈和青蛙各有1种蛋白质与之匹配。这个结论将鸟类起源于恐龙的说法从假设阶段推向了理论阶段，证明了鸟类和恐龙的确有亲缘关系，因为它们的DNA序列是有关系的。虽然我们还没有破解足够多的DNA序列来肯定这一说法，但至少已知的DNA已经能够支持这一理论。

鸡肉是暴龙肉最好的替代品

由此可见，鸡肉是现在我们能找到的全部食物中，与暴龙肉最为接近的。虽然我们还需要分离出更多的蛋白质，找到更多的匹配关系才能使这个结论变得确凿。但如果您现在想来一道暴龙肉的话，科学告诉你，鸡肉绝对是最好的替代品！

我们可以先用“肯德基炸鸡配方”来腌制暴龙肉。这个配方来自《美国人最想得到的食品配方》一书，其中包括牛至粉末、鼠尾草粉末、干罗勒叶、干墨角兰叶、辣椒粉、胡椒粉、大蒜粉、洋葱末儿各1茶匙；2茶匙盐；匈牙利红辣椒粉、味精各2大汤勺。据说虽然不是100%与肯德基相同，但味道也八九不离十，值得一试！腌制之后，我们再用暴龙本身的油脂来腌渍它们24至48小时，之后裹一层干粉，撒上一层香料再裹一层面包粉，最后用新鲜的油加热到185摄氏度高温来炸。需要注意的是，炸的时候不能一次炸太多，不然油温会下降得很快，最后炸出来的东西不脆又很油。

如果你还想来一道用白米、暴龙肝和暴龙胗烹调并添加香料和调料的“龙杂饭”，请用龙绞肉1碗、龙胗1/4磅、龙肝1/2磅、橄榄油2大匙、大蒜3瓣切末、青椒1只切丁、洋葱1个切丝、蘑菇5个切片、辣椒粉1大匙、红辣椒片1/4小匙、孜然茴香1小匙、肉桂粉1/2小匙、白饭4碗、盐1小匙、鸡汤1杯、西红柿3个切块、黑豆1小罐、烤过的松子3大匙、柠檬汁1大匙、黑胡椒适量、芫荽或葱1把切碎。然后先把龙杂配料入锅炒熟，起锅备用；大蒜、洋葱入锅炒至洋葱熟软，加入青椒、蘑菇、西红柿继续拌炒；加入龙肉汤、黑豆及所有调味料，焖煮约5分钟；再加入白饭和松子拌炒至水分减少即可起锅；最后把芫荽洒在饭上即可享用。

现在，是与暴龙合体的时候了！

*感谢尊敬的Mary H. Schweitzer学姐提供了大量资料与宝贵回忆，以及中午的南方炸鸡。

步骤一 STEP 1

用牛至粉末、鼠尾草粉末、干罗勒叶、干墨角兰叶、辣椒粉、胡椒粉、大蒜粉、洋葱末儿各1茶匙，2茶匙盐，匈牙利红辣椒粉、味精各2大汤勺，制成腌料，腌制暴龙肉。

步骤二 STEP 2

腌制之后，用暴龙本身的油脂来腌渍它们24至48小时，之后裹一层干粉，撒上一层香料再裹一层面包粉。

步骤三 STEP 3

用新鲜的油加热到185摄氏度高温来炸。最好是将暴龙肉一块一块放入锅中，也可几块一起放，但不能一次炸太多。

步骤四 STEP 4

将暴龙肉炸至金黄色捞出即可。

北非风味的酷司酷司风神翼龙胸肉

MOROCCAN GOURMET FOOD-COUSCOUS QUETZALCOATLUS BREAST

根据翅骨碎片来看，成年的风神翼龙翼展约有11至15米宽，这绝对是地球生命史上最大型的飞翔动物！其翅膀面积与小型飞机差不多大，但由于中空的骨骼和瘦小的躯干，它可能还没一个成年人重。

发现翼展12米的空中巨怪

“噢耶！巨龙！……”

“应该不是，什么动物有这么细的腿骨？”

这是1971年的一天下午，一位名叫劳森（Douglas A. Lawson）的得克萨斯大学地质系学生，正在本省与墨西哥交界处的大湾国家公园的上白垩统地层寻找恐龙化石，比如镰刀龙或巨龙，这是为了论文写作而进行的采集行动。

此时，劳森正因为自己的发现而激动得自言自语。他先是在一片干涸的山谷里找到了一些骨骼碎片，理论上讲，这些碎片应该是从高处被雨水冲刷下来的，于是，劳森跟踪着冲刷的痕迹来到一片陡峭的岩石壁。果然不出所料，他眼前就是这些骨骸碎片的源头，并且还有一部分骨骼嵌在围岩中，足有1米长！兴高采烈的劳森回到奥斯汀，把这些他前所未见的化石交给导师兰格斯顿博士（Wann Langston Dr.）。

“我的上帝！劳森！我突然发现你是我最优秀的学生！你的论文题目不用犹豫了，就写这化石，快带我去发现点！”刚接过化石的兰格斯顿激动得不能自已，一句话定了劳森的论文。刻不容缓，在野外多暴露一分钟，化石就多一分被风化的危险。兰格斯顿当即率领学生们长途跋涉800千米，从奥斯汀来到大湾，仔细地清查了化石点，开始挖掘所有能找到的化石。

原来，劳森带回的这段骨头完全不同于“笨重”的恐龙，而是属于一种超大型的飞行爬行动物——翼龙。这可是在大湾国家公园首次发现翼龙化石，意义非同寻常。

翼龙，与它的恐龙亲戚们一样，是演化史上最为成功的物种之一。翼龙是飞行动物中的极限，中生代的蓝天再无其他生物与其争锋，即使现在也没有。翼龙翼覆所有大陆，并演化出不同的形态和大小。在近两百个已被命名的翼龙种类中，最小的和麻雀体形相当，最大的翼展近18米，与一架飞机差不多宽。

兰格斯顿最初期待能挖出一具空中巨怪的完整骨架，可惜的是，最后的战果仅有一只翅膀，想必是翼龙死亡后尸体支离破碎，翅膀单独被保存了下来。这些出土的化石最后被集中到奥斯汀的得克萨斯州纪念博物馆实验室，经过细致的修理后拼装出了翼龙的翼指、前臂骨（桡骨和尺骨）及腕部，其中一个缺头少尾的翼指骨就长达1. 22米，这意味着这只空中巨怪的翼展竟达15.5米！这个尺寸是当时所知最大的翼龙——无齿翼龙翼展的两倍。

在接下来的几年中，兰格斯顿对大湾国家公园进行了多次挖掘，成功地在距离劳森化石点50千米外的另一处化石点，搜集到了大量的骨骼化石与一个较小个体的部分骨架。即便如此，这个“小”的风神翼龙的翼展也至少有5.5米。纵观诸多骨骼化石，兰格斯顿认为这种翼龙的大型个体之翼展大致在11至12米之间，这个数值要比他最初估计的小一些。

在给这个空中巨怪起名的时候，兰格斯顿灵光一现，想起了中美洲文明普遍信奉的最高神祇——羽蛇神。这是一种神话中的动物，形象由奎特查尔凤鸟羽和响尾蛇组合而成，是一只长着羽毛的蛇。最早见于奥尔梅克文明，后来被阿兹特克人称为“科沙寇克阿特”（Quetzalcoatl），玛雅人称之为“库库尔坎”（Kukulcan）。传说中，羽蛇神是风神，主宰着晨星。于是，兰格斯顿将化石命名为披羽蛇翼龙（*Quetzalcoatlus*），分类上属于翼龙中的神龙翼龙类。这只地球上最大的飞行生物一经问世，立马轰动了学界与媒体。

有趣的是，劳森在最初试图描述这些巨型翼龙的栖息地及生活方式时心里犯了嘀咕，这种形似捕鱼机器的翼龙通常都发现于海相地层，但风神翼龙却不守常规，沉积在上白垩统蜿蜒的河漫滩的泥沙和淤泥里，此地属于内陆地区，距离最近的海岸线也有400千米，同时也没有证据表明这一带附近有大的淡水湖。当时，空气动力学还没有很好地应用于翼龙力学研究，所以劳森开始为风神翼龙在大海之外寻找“合理”的生活方式。他认为，风神翼龙可能像现生的秃鹰，是一种食腐动物，靠吃恐龙的腐肉为生，它的长脖子能发挥很大的作用。而正是因为它具有较强的持久滑翔能力，所以可以飞行很远的距离去寻找恐龙尸体。

但这个观点惹来很大的争议，其他学者认为风神翼龙那长长的、近乎僵直的脖子会给食腐带来不便。另一方面，在化石点附近，人们发现了大量的穴居动物化石，而当地大量的植物化石也表明此地定期会被洪水淹没，所以有学者提出，风神翼龙也完全有可能是靠它那长长的尖嘴捕食地面浅水池里的软体动物和螃蟹为生。

连风神也嫉妒的物种

单从外形来看，风神翼龙绝对是连风神也嫉妒的物种。仅在未成年阶段，风神翼龙的头骨就有1米长，翼展竟有5.5米宽，根据翅骨碎片来看，成年的风神翼龙翼展约有11至15米宽，这绝对是地球生命史上最大型的飞翔动物！其翅膀面积与小型飞机差不多大，但由于中空的骨骼和瘦小的躯干，它可能还没一个成年人重。

风神翼龙的嘴巴又长又细，口中没有牙齿；喙前端不是尖锐的，而是钝的；它的眶前孔（位于眼眶前方的孔洞）巨大，差不多占了头骨全长的1/2，这无疑为其大头减轻了相当多的重量；风神翼龙头上有脊冠，位于眼眶前上方；其脖子非常长，达2米多——这与长颈鹿的脖长不相上下；它的腿很长，有平衡大头的作用。远观之，风神翼龙呈现了类似鹳或鹳的外表。

如果打断风神翼龙的长骨，你会发现它的骨骼都非常薄。这些几乎与纸一样薄的管状骨既轻巧又能承受住极大的压力，有些骨骼甚至充满了空气。另外一些翼龙，如妖精翼龙（*Tupuxuara*），这种翼展达6米的大型翼龙，在中空的翼指内还有纤细的支架撑持，能强化翅膀的力量，却只增加少许重量。因此妖精翼龙展开的翅膀虽然有一座小房子那么宽，但实际重量却很轻！

以风神翼龙为代表的翼龙，其飞行的奥秘在于延长第Ⅳ指成为一个翅膀架子，就如同风筝的竹子骨一样，翅膀架子连接翼膜，构成了翼龙用于飞行的翅膀。这种单指成翅膀的现象，在其他爬行动物中绝无仅有，古生物学者称第Ⅳ指为翼指或飞行指。翼指比其余3指长了将近20倍，它由4节翼指骨构成，粗壮而坚固，并一直向它的肩带方向伸展。翼指连接着最大片的翼膜——翼手膜，此外还有横跨肩部和腕部的前膜，以及连接两个后腿的尾膜。

不过，这些翼膜要保存成化石非常难，至今只发现了为数甚少的几块标本。在保存状态良好的翼龙翼膜化石中，古生物学者发现有一些纤维状物质从翼膜内侧剥落。这说明翼龙的翼膜中充满了微小的肌肉纤维，纤维呈放射状，它们僵硬、坚固、薄而平整，并由皮肤连接在一起，它们可能像雨伞的伞骨般具有补强作用。

此时，装备优雅且完备的风神翼龙就可以开始通往天际了。风神翼龙的滑翔能力依赖于一种叫做“风力载荷”的特征，即动物的翅膀面积与体重的比率。现代最好的滑翔机设计为每下降1米前进4米，巨大的翼龙可能比它出色得多。而且风神翼龙还具有缓慢减速下降的能力，同时它们也能够获得上升气流并快速地冲上云霄。

伴随着风神翼龙巨大的翅膀所给予的上升力，一阵轻风便足以让它起飞。当遇到合适的上升气流，风神翼龙只要稍稍调整一下翅膀，或许就可以飞越500千米。那么，海岸线外400千米的距离对风神翼龙而言确实是小菜一碟。近海的低空气流会受到海岸线的阻隔，通常比高空气流来得缓慢，风神翼龙可以在两层气流间做螺旋形的飘举和滑翔，几个小时不用扇动翅膀。

风神翼龙的生活方式应该类似于现生的信天翁。信天翁能长时间地停留在空中，任凭风来吹送，它们能在46天左右的时间里至少绕地球飞行一周。信天翁滑翔的时候，能巧妙地利用气流的变化。如果上升气流较弱，它会俯冲向下，加快飞行的速度。如果高度下降，它又会迎风爬升。海面上狂风怒吼、巨浪滔天的时候，信天翁却飞得安逸自在。它在飞翔中把腿伸开或者闭合脚蹼，像舵一样自如地改变飞行方向。可以说，它们随便兜一个圈子，那就是两三千米，在短短的一个小时里，能横扫113千米的海面。

尽情放飞我们的想象力吧，在一个好天气里，一只风神翼龙只要扇一下翅膀，或许就可以飞越数百千米！在那之前，从那以后，地球上再也没有出现过如此完美的滑翔者，清风于翼下，遨游苍宇，巡视全球。

三毛和荷西成婚的地方

风神翼龙作为最大型的翼龙，长时间受到翼龙学者的关注。现在我们知道，神龙翼龙类不仅分布于欧美，非洲、亚洲也有发现。而这些神龙翼龙中最完美的脖子，则发现于北非的摩洛哥。2004年初，我有幸观察过这批标本，这段脖子其实只有第五至第九枚颈椎，还有一枚未知位置的颈椎，据此推测其翼展在5米左右。但这些标本却让我们了解到，神龙翼龙类的颈椎从脖子的基部就开始延长了，这改变了我们以往的观点，也让神龙翼龙类显得更加特化。

后来，这段脖子被苏韦维奥拉-帕瑞达（Pereda-Suberbiola）等学者命名为磷酸翼龙（*Phosphatodraco*），属名“磷酸”意指被称为“磷酸盐王国”的摩洛哥。摩洛哥以丰富的磷酸盐资源闻名于世，据估计，该国磷酸盐的蕴藏量占世界总蕴藏量的3/4。

对于我来说，这个被茫茫大西洋、蔚蓝地中海和金黄撒哈拉沙漠包围着的北非国家，是三毛和荷西成婚的地方，也是《北非谍影》故事发生的地方，更是大量诡异三叶虫的集中出产地。摩洛哥到处妙趣横生，古老的阿拉伯式建筑下，人和驴子擦身而过，羞涩的少女冲着你微笑，大爷大妈们扯着嗓子揽客，奔跑的大眼睛小孩随时都会撞进你的怀里。

摩洛哥的美食继承了当地土著柏柏人的饮食传统，传统料理例如扁豆汤（Harira）、塔津（Tajine）、酷司酷司（Couscous）。此外，更融合了伊斯兰的料理方式，如多种香料的混合、将水果入菜与肉类一同炖煮、广泛地使用各种坚果，等等。

扁豆汤需要大量的配料，比如碎洋葱、西红柿、胡椒粉、香菜、葱、茴香、藏红花、橄榄油等，然后花好几个小时，熬到汤成了稀糊状，吃的时候还可以依个人口味加一点橄榄油、青柠檬汁或酸奶。不同配料的比例决定了扁豆汤的最终味道，于是各家各户做出的浓汤味道都不一样，都有自己的保留节目，让你永远有惊喜。塔津既是一种特殊烹调工具，也是菜名，它又宽又浅的圆形底盘上面盖着圆锥状的盖子，看上去像一种奇异的小烟囱，蒸、煮、炒、烤，任你使用，据说其特殊的对流闷烧循环可以保留食物的原汁原味。酷司酷司的历史可以追溯到公元9世纪，原意为粗粒小麦粉，类似于我国北方的小米，是摩洛哥盛行的主食。

我们这次翼龙烹饪之旅也与摩洛哥风味结缘。首先要拆解一只小一些的风神翼龙，这并不是太高难度的挑战，因为风神翼龙基本没什么肉，身上最大片、最结实的肌肉就是胸骨上附着的飞行肌，这一大块肌肉控制着翅膀的运动，不断地做功让其口感筋道鲜嫩。

接下来把拆开的翼龙与鸡一起熬成一锅浓汤，然后舀取一些浓汤混合小麦粉，敷上陈年奶油，利用浓汤将其蒸熟，冷却，再蒸，反复三次，直到浓汤汁的甜味和奶油的香气都被小麦粉吸收了，透出黄澄澄的诱人色泽。然后，在酷司酷司上放两片翼龙胸肉，胸肉上方，用切成长条的胡萝卜等蔬菜堆成金字塔形，最后盖上圆锥形的陶罐盖子，小火慢烩数小时，蒸到蔬菜和肉都松软入味就可以了。

这道酷司酷司风神翼龙胸肉的精华部分，其实不在胸肉，而是在底层吸尽精华的小麦粉，松软而馥郁，香甜而不腻，非常适合我们中国人的口味，不知不觉间便能吃下小半碗呢。

风神翼龙胸肉也可以用西餐的方式来香煎。首先将胸肉洗净抹干，切出粗大的网纹，加入调味料腌匀待用；起锅热油，炒香洋葱、龙骨，然后加入红酒、柠檬汁、橙汁和上汤，用小火煮约1小时后，用密筛隔去渣滓，成浓汤汁待用；重新起锅，油热后放入风神翼龙胸肉，记得龙皮朝下，煎到皮金黄，少许脂肪流出为止，然后入烤箱烤5至7分钟，取出，在网纹处插入丁香，浇上少许蜂蜜，再入烤箱烤2分钟；最后上碟拌以熟时菜，淋浓汤汁，就可以开席了。

这其中的丁香是摩洛哥常用的香料，由丁香花苞干燥而成，带着淡淡的梅子清香，会让风神翼龙胸肉的口感更加鲜美。由于先煎后烤，胸肉的外皮煎到金黄酥脆，吃下去肥嫩多汁，又香又嫩一级棒！味蕾也仿佛跟着翼龙飞翔起来了呢！

步骤一 STEP 1

把拆开的翼龙与鸡一起熬成一锅浓汤，然后舀取一些浓汤混合小麦粉，敷上陈年奶油，利用浓汤将其蒸熟，冷却，再蒸，反复三次，直到浓汤汁的甜味和奶油的香气都被小麦粉吸收了，透出黄澄澄的诱人色泽。然后，在酷司酷司上放两片翼龙胸肉，胸肉上方，用切成长条的胡萝卜等蔬菜堆成金字塔形。

步骤二 STEP 2

最后盖上圆锥形的陶罐盖子，小火慢烩数小时，蒸到蔬菜和肉都松软入味就可以了。

卡郡特色的辛香小炒狗鳄肉

CAJUN SPECIAL SPICY SAUTÉED PROCYNOSUCHUS MEAT

“狗鳄”魏氏阿勒莱皮鳄那分外强健的尾巴，就可以做成小炒狗鳄肉。选用新鲜的狗鳄尾肉，伴以炒香的蘑菇，再用顶级松露油提味，这是清淡做法。“狗鳄”的肉质此时既有着蘑菇的空灵清香，又有松露的浓郁底味，口感软硬适中，妙不可言。

重获生机的短吻鳄

“那些足迹会不会是鳄鱼的？”我低头问哈里斯。

在甘肃永靖恐龙足迹点，我发现了一列长相“扭曲”的足迹。

“可是前后掌并没有很明显的差别”，哈里斯正“五体投地”在足迹上，硕大的蜥脚类足迹恰好成为他的掩体——这个美国大汉被恐龙足迹埋起来了。

哈里斯是美国犹他迪克西州立学院自然科学系的主任，也是我研究恐龙足迹多年的伙伴，一手日本Origami（日本折纸，通常是用一张纸不裁剪来完成一个物体，为日本国粹）行云流水。他无论出差到何处，都会带着一个小夹子，里面装满高档日本和纸，只要心血来潮就可以给你送上一只活灵活现的立体恐龙。

那年夏天，我们在足迹点附近的太极湖畔研究了半个月，还是没弄清楚那奇怪的足迹是不是鳄鱼留下的。最后，我们决定一起到世界上最大的鳄鱼繁衍基地——美国南部的路易斯安那州去，实地调查鳄鱼在各种环境下的足迹形态。

路易斯安那是美国海拔最低的州，属亚热带气候，森林覆盖率颇高，而该州西南部沼泽地区则盛产鳄鱼。这里有全世界最大的短吻鳄牧场(Alligator Farm)，短吻鳄的产量占全世界的一半以上。

从犹他州开车去路易斯安那州，接触了几家短吻鳄牧场的老板，终于找到一家牧场可以让我们打着科学的幌子去“玩”鳄鱼。牧场里到处都是阡陌纵横的沼泽湿地，生活着大量的鱼类、鸟类、爬行类动物，除了风吹草低见鳄鱼，一些肥壮的绿鬣蜥也时常出现在枝头。我们乘坐气垫船进入牧场，这玩意儿虽然巨吵无比，但却能在沼泽上掠草飞行，抬头只能看到芦苇和灌木，阴郁潮湿的大地在阳光下更显得苍凉。这里确实有很多鳄鱼，就算这么快的速度，还是能远远看到短吻鳄好奇的小眼睛，或张开嘴天然呆的样子。

这样的湿地虽然是动植物的天堂，却毫无商业价值，因此多年前就有多处湿地被抽干水源，填土开发。后来，因农业发展污染了沼泽的水质，自然环境遭受了严重的破坏。幸好随后开展的短吻鳄保护计划打破了这个困局。

根据统计，短吻鳄在未孵化及幼小时期的生命力非常脆弱，要等长到1.2米以上时，才具备在自然环境中独自存活的能力，这个过程历时18到24个月，成活率只有17%。而更加雪上加霜的是，由于市场对鳄鱼皮的大量需求，该州出现了不少短吻鳄牧场，牧场所饲养的短吻鳄主要来自野生的鳄鱼蛋，这无疑对野生环境中的短吻鳄种群造成了极大的破坏。

有识之士及时发现了这个问题，1985年出台的“短吻鳄计划”规定，所有牧场必须放生17%当年所饲养的短吻鳄，且每只被放生的短吻鳄长度要超过1.2米。而作为补偿，州政府的野生动物及渔业部严格限制鳄鱼皮的输入与购买，部里出售专门的标签给牧场，具体对应每张鳄鱼皮，并要求皮革工厂收购鳄鱼皮时必须认准标签，禁止接受来路不明的鳄鱼皮。

这项计划实施25年后，野生短吻鳄早已摆脱绝种的威胁，数量超过300万，成为当地生生不息的资源，而牧场的老板们也因为贩卖鳄鱼皮而赚得盆满钵满。

不过，当时正是全球经济不景气的时候，作为奢侈品的名牌鳄鱼皮包也受到冲击。老板得知我是中国人之后，变得非常热情。“如果你想保护短吻鳄，拯救湿地，就买一个鳄鱼皮做的皮包吧，要不买两斤鳄鱼肉也可以。”这句话已经被重复得接近广告语的频率。

美国人最喜欢你点鳄鱼肉了！

在这片湿地中，倒还真“隐居”着一位烹饪鳄鱼大餐的华裔厨师。他就是著名的翠苑（Trey Yuen）中餐馆的老板兼主厨、路易斯安那州餐饮协会副会长黄炯舜先生。黄炯舜于1966年从香港移民至此，20岁开餐馆，此后一路奋斗美国梦，曾于1999年11月应邀至白宫主理草坪餐宴，烹调短吻鳄肉及海鲜冷餐。

翠苑目前的招牌菜是小炒鳄鱼肉、辣龙虾酱小龙虾、酸甜酱炸软壳蟹。黄炯舜透露鳄鱼选材的关键：“如果鳄鱼超过2.5米，肉质就变得非常老，口感很差。但如果是比较小的鳄鱼，肉质就很鲜嫩。”

鳄鱼肉作为食材又分为腿肉和尾肉，腿肉颜色较深，尾肉颜色较浅，前者多用来炒，后者最受美国人欢迎，多用于油炸。黄炯舜的烹饪手法是用新鲜的蘑菇来小炒，或酥炸鳄鱼腿，这些菜式都很受欢迎。

我和哈里斯在测量鳄鱼足迹之后，也仔细品尝了黄炯舜的鳄鱼大菜。不同于普通的牛羊猪肉与禽鸟肉，鳄鱼肉的口感比鸡肉软但是比鱼肉硬，嫩字打头，既有水生动物的鲜美，又有陆生动物的野劲，值得品尝。营养方面，鳄鱼肉中蛋白质含量较高，其中含有的人体所必需的氨基酸比例适中，并且还含有对人体有很高营养价值的高级不饱和脂肪酸以及多种微量元素。

在路易斯安那州的餐厅，如果你选了鳄鱼肉就会得到侍者略带赞许的眼光，这是因为该州每年至少输出约40万张鳄鱼皮，剩下的这40万个肉身，确实需要大量的食客来消耗。于是该州所有的旅游指南、旅游网站都强力推荐你品尝一下炸鳄鱼，或者一些更加有趣的吃法，如炭烤鳄鱼排骨、烤鳄鱼蛋等。

目前在美国南部诸州，鳄鱼肉制成的美食已经越来越常见。法裔口味的开胃菜会包括炸鳄鱼、炸虾、扇贝、卡津鸡尾酒酱、油炸玉米球，而普通餐厅也都提供简单的组合：炸鳄鱼尾肉，拼上炸猪蛙（美国青蛙）腿，一例也就10美元。虽然这些鳄鱼肉仅仅是与面粉、调料和在一起，做成肉球炸，但由于物美价廉，让吃腻了炸鸡的人们有了更多选择。

除了美国口味，你还可以在此地的异国餐厅吃到各种有趣的鳄鱼菜，比如印度餐厅提供的鳄鱼肉咖喱、澳大利亚餐厅的鳄鱼肉馅饼。

撒哈拉沙漠的史前鳄鱼帮

如果要拿鳄鱼下菜，那么古世界里的选择实在太多。从化石记录来看，最早的鳄型类和恐龙一样出现于晚三叠世，从那时起，鳄鱼便目睹了爬行动物的衰败、恐龙的灭亡、哺乳动物的兴起和人类的成长。

最原始的鳄鱼，也就是原鳄类，它们主要是陆生动物，体形修长，大小类似猎犬，广泛活跃于世界各地。我国发现的最早的鳄类化石是产于云南禄丰晚三叠世的小鳄（*Microchampsa*）。随后演化出来的庞大鳄类是更为进步的中真鳄类，这其中既有陆生动物，也有水生动物，甚至还有一些特化为海生动物。比如海生的地蜥鳄（*Metriorhynchus*），它们已经演化出桨状的前肢与类似现生鱼类的尾巴。现生的鳄鱼出现于晚白垩世，属于真鳄类，它们是半水生的动物，发育出具有骨质的次生颚。这个特征使得鳄科与短吻鳄科可以把绝大部分身体浸泡在水面下，仅以口鼻部前端的鼻孔呼吸。也就是说，经过2亿多年的演化，鳄鱼帮仍旧活跃在地球这个大舞台上，展现着它们健壮而勇猛的身躯，真可谓一类演化极其成功的爬行动物。

在诸多古鳄类“食材”中，我不会选已经著名到“烂大街”的帝鳄（*Sarcosuchus*），这种长12米、体重10吨的庞然大物能好吃吗？那肉一定又老又柴。不过，发现帝鳄的“恐龙猎人”，美国芝加哥大学古生物学者塞利诺（Paul Sereno）继帝鳄的重大发现之后，又在撒哈拉沙漠发现了史前鳄鱼帮！它们分别是：小鸭鳄（*Anatosuchus minor*）、魏氏阿勒莱皮鳄（*Araripesuchus wegeneri*）、鼠阿勒莱皮鳄（*A. rattoides*）、撒哈拉野猪鳄（*Kaprosuchus saharicus*）、惊奇煎饼鳄（*Laganosuchus thaumastos*）和西阿拉伯煎饼鳄（*L. maghrebensis*）。

“鸭、鼠、野猪、煎饼”仅仅是这些学名的关键词，就暴露出一支“鳄类特工队”的全貌。除了能在陆地上快速奔跑的共性之外，它们各自有独家四门：

小鸭鳄，这种迷你的鳄类是以前发现过的老物种，长约0. 91米，它宽宽的吻部向上挑，吻部很长，活像《木偶奇遇记》中皮诺曹会伸缩的长鼻子，塞利诺当初差点就将其命名为皮诺曹鳄。小鸭鳄吻部末端具有特别敏感的区域，这让它可以在岸边和浅水里拱来拱去寻找猎物，以鱼类、蛙类和蛴螬（金龟子类的幼虫）为食。

魏氏阿勒莱皮鳄，塞利诺为之起了“狗鳄”的昵称，它的化石曾发现于南美洲与非洲。考察队在一块岩石中一下子找到了5具“狗鳄”化石，化石显示“狗鳄”与鸭鳄一般大，以植物和昆虫为食，长有与狗一样向前突出的鼻子。而且它的两颊突出，前上颌骨各有一颗较大的牙齿，尾巴分外强健，肯定是游泳好手。

鼠阿勒莱皮鳄与魏氏阿勒莱皮鳄同归一属，被昵称为“鼠鳄”，整体上与“狗鳄”没太大差别。由于标本较多，塞利诺还重建了阿勒莱皮鳄的三个成长阶段。其中少年个体长约48厘米，前后肢的长度占躯干长度的68%和98%；亚成年个体长约66厘米；成年个体长约81厘米，前后肢的长度占躯干长度的50%和75%。这些数据表明，幼年的阿勒莱皮鳄比成年后具有更优秀的陆地奔跑能力。

撒哈拉野猪鳄，这是“花和尚”鲁智深的鳄鱼版，大有野猪林中“大雪飘，扑人面，朔风阵阵透骨寒”的那股味道。野猪鳄发现于非洲尼日尔，体长约6米，面相极为凶猛。之所以跟野猪沾边，是因为它与野猪一样，都长着3对从上下颌伸出的极其尖利的牙齿，就连最为坚硬的恐龙皮肤都无法抵御它的攻击。据推测，野猪鳄会用披甲的吻部使劲撞向猎物，然后用三副匕首般的尖牙将猎物撕成碎片。

惊奇煎饼鳄和西阿拉伯煎饼鳄，这是每一个传奇团队中都必不可少的“老好人”。煎饼鳄体长超过6米，长有一个扁平如薄饼、长达0.91米的头部，细长的下颌中布满了锥形的牙齿。这家伙虽然其貌不扬，却能在水中张着大嘴保持几个小时一动不动，只为等待毫无防备的小鱼游进它那完全开放的食道。

此次披露的大多数鳄鱼化石都发现于偏远地区风化的岩石和沙丘表层。而在同一地区发现如此多的鳄鱼物种确实令古生物学者都感到非常吃惊。因为这其中每一种鳄鱼都占据了不同的生态区位，具有不同的饮食和行为习惯，它们以自己独特的方式生活得有滋有味。更重要的是，它打破了“恐龙万岁”的霸主理论，因为眼前的非洲史前鳄鱼双腿半直立，行动灵活，可以在陆地活动，同时又具有适合水中活动的尾巴。这种水陆两栖活动能力可以确保它们在恐龙时代还独占着一方天地，并最终生存下来。

塞利诺还对保存较好的鳄鱼头骨化石做了三维扫描。扫描结果显示，它们的大脑功能可能比现存鳄鱼要复杂得多，这意味着史前鳄鱼可能比现生鳄鱼更聪明。这也很好理解，毕竟，相比现生鳄鱼只需守株待兔的猎食方式，在恐龙占据的陆地上，四处奔跑的鳄鱼黑帮肯定需要更高的智商。

挑战美国版的“川菜”！

在大约1.45亿至6500万年前，这支可怕的撒哈拉鳄类特工队穿梭于广袤非洲大地的各个沼泽地、湖泊，四处寻找食物。无论大小鱼儿还是倒霉的小恐龙，都可以是它们的盘中餐。而它们自己更是再适合不过的“完美食材”，比如“狗鳄”魏氏阿勒莱皮鳄那分外强健的尾巴，就可以做成小炒狗鳄肉。选用新鲜的狗鳄尾肉，伴以炒香的蘑菇，再用顶级松露油提味，这是清淡做法。鳄鱼的肉质此时既有着蘑菇的空灵清香，又有松露的浓郁底味，口感软硬适中，妙不可言。还可以配上Sauvignon Blanc（白索味浓）这种有着自然口感的酒，激发出狗鳄尾肉更深层次的滋味。

此外，更推荐你来挑战麻辣辛香的卡郡口味！我们在烹饪瓦蛤时提到过卡郡口味，简单来说就是法式的美国南方菜，提到它，我们会首先联想到香辣的口味。其实卡郡调味料最独特的地方是，它们是全粉状的，也就是说将所有的原料都磨成粉，其中必备的Cayenne辣椒提供辣味，Paprika辣椒提供香味。你可以在已经非常鲜美的狗鳄尾肉上洒上一点点，或用卡郡口味最有名的搭配，也就是加上洋葱、西芹跟甜椒去烹饪，整道菜的味道会更上一层楼。成菜时散发出的那种强烈的香味，就像蓝调爵士乐一样浓烈，富有个性。你还犹豫什么呢？

步骤 STEP

将狗鳄尾肉切块洗净，用卡郡口味最有名的搭配，也就是加上洋葱、西芹跟甜椒去烹饪，成菜会散发出独特的美味。

火辣辣的馋嘴魔蟾

SUPER HOT! MOUTH-WATERING SAUTÉED BEELZEBUFO

盾状魔蟾（*Beelzebufo ampinga*）长40.6厘米，体重约4.5千克，居住在半干旱的环境中。它的身体非常强壮，拥有一张宽阔的大嘴和强有力的上下颌，长有牙齿。它的头骨异常厚实，骨骼表面突出，凹凸不平，好像披着铠甲似的。

青蛙是“益虫”

潮州有一条西马路，东通太平路，西达西门环城路。这里的店铺、人家、祠庙连在一起，长达710米，宽6米，向来是极繁华的地方。这条马路是由许多不同名称的段落组成的，中间与义安路交叉处叫“新街头”，从我记事起，那里便存在着一个大的菜市场。

小时候的我放学需要走路回家，途经新街头，最大的乐趣就是围观菜市场。现在已经搞不清楚，是因为喜爱动植物，还是因为喜欢吃东西，又或者两者相辅相成。市场旁边的小吃，能记得的至少有粿汁、笋粿、蚝煎、春饼、炸虾仔、鱼生、炸果肉、粽球、牛肉丸，等等。这其中的双壳类、甲壳类、硬骨鱼类、哺乳类也都认识全了。

但其中最令我震撼的表演，则是农民大叔卖青蛙、杀青蛙的过程。好多小青蛙被串在一起，悬挂在小竹竿的一端，或直接把后腿捆住了，丢在地上。宰杀小青蛙时尤其残暴，农民大叔把青蛙拿住了，重重摔在地上，锋利的小刀从肚子扎下去，收拾下水，剥皮，再冲洗掉血沫，装入袋中，整个动作一气呵成。这些被带回寻常家的小裸蛙，接着被切段，爆炒，成为一道佳肴。我却一直很抗拒这种食物，小时候受“青蛙是益虫”的教育根深蒂固，于是口下便积德了。

馋嘴蛙的老花子传说

长大后到了北京，吃腻了京味小吃之后，开始四处流窜，寻找新的口味。好几年中，在簋街背后的几家小店已经吃出了老板与熟客的情分，其中就有一家小店叫“燕府香馋嘴蛙”。说它小，并不为过，大概8张桌子不到。临近饭点，门口永远有人在等位，于是带旺了旁边卖红薯的生意。

老板娘是甘肃人，却做得出地道的川味，据说专门去四川取了真经，请回大师傅，后来更是融合了川陇食风，因此有了极佳的口味。店里主打的特色菜并不多，馋嘴蛙、冷锅鱼、烧鸡公这大三样。只要你一上座，老板娘就会送来凉拌豆腐丝，然后点完菜，在门口等位的食客那怨念眼神中，开始漫长的等待。老板娘的立店之本，全在于原料新鲜，手艺过硬，而且每一桌都是要现点现做的，提早加工好的就意味着失去了那股鲜味。

和诸多华夏美食一样，馋嘴蛙也有自身的传奇。相传清朝康熙年间，四川江津红卫村有一位姓朱的大爷，足足108岁，精于厨艺，最爱用青蛙做菜，佐以祖传香料，烧得麻辣兼备，既香又嫩。康熙得知后，派人把他招入宫中专司此菜。尝后，甚解其馋，龙颜大悦。坊间便以“馋嘴蛙”命名之，声誉不胫而走。

另有一种更富传奇性的说法，说馋嘴蛙出自清朝乾隆年间渝北地区大户刘家的一本自编菜谱。刘家老太爷这一生只有一个爱好，就是收集民间食谱，一来将其归整成册流传后世，二来也可一饱口福。冬季的一日，刘老太爷在大雪之中救起一个倒在家门口的老花子，并派专人照顾。事后老花子为了报答恩情，送上一道美食。这道菜源于乞丐乞食未果，捕捉田边野蛙充饥，老花子融入了几十年来吃百家饭的口味见识，创出了馋嘴蛙这道美食。最终老花子将这道菜的做法送给了刘老太爷，并传承至今。

“准备吃光所有东西”的牛蛙

不过，值得庆幸的是，如今各地食肆用来做馋嘴蛙的是牛蛙，而不是青蛙。后者是可怜可爱的“益虫”，前者却截然相反。同样是蛙，牛蛙怎么又可以吃了呢？因为在中国，牛蛙就是专门引进来作为食物的。

牛蛙原产自美国，是北美现存最大的蛙类之一，身长约15厘米，一些较大的甚至可达20厘米。它们会捕杀任何能够吞得下的小动物，其中包括蛇、小鸟、老鼠、青蛙和蟾蜍。捕猎时，牛蛙会抓住机会猛地扑向猎物而后将其吞入口中。当冬季到来时，它们会在池塘和溪流附近的地下冬眠。

美国人最初饲养牛蛙，是看中它们肥美的双腿，油炸牛蛙腿肉质鲜美无比，是美国人餐桌上的常客，不少人认为更胜炸鸡腿一筹。可当养蛙场的工作出现漏洞，悲剧就发生了。一些牛蛙逃了出去，在当地引发了可怕的生态灾难，这在北美已非新闻。我到了加拿大之后，不断听温哥华的同学诉说苦难的家园史。美国牛蛙首次被引进加拿大的英属哥伦比亚省是在20世纪30年代，没想到牛蛙私奔之后，可怕的事情发生了……

在这些牛蛙来到麋鹿/河狸湖（Elk/Beaver Lake）、蔓越莓湖（Cranberry Lake）等地之前，这些湖泊都曾经是那么迷人，各种水鸟来回扑腾，野生的水鸭带着幼鸟在湖边嬉戏，但自从牛蛙入侵此地，一切全毁了。这正是牛蛙的学名*Rana catesbeiana*含义所在，那是“准备吃光所有东西”的意思。

坎贝尔博士（Wayne Campbell）是英属哥伦比亚省著名的鸟类学家，他说：“我在蔓越莓湖看到了地狱般的景象，水面上漂着一只大牛蛙，那居然是吃水鸭吃撑了！它们就像鳄鱼一样凶猛，我告诉你，如果你坐在小船上，可千万不要把手伸进水里。”事实也如此，这些牛蛙已经成为当地一害，从小树蛙到水鸟，它们碰到什么吃什么。

还有一些不明就里的加拿大人，发现本地青蛙数量在减少之后，就把牛蛙放进了当地的湖或池塘里，认为可以帮助青蛙繁衍。其实，这样做的效果恰恰相反，因为当地湖泊或池塘里的那些红腿蛙，正是牛蛙最喜欢吃的食物。

但牛蛙被引入中国之后，甚少出现这种生态灾难。有什么能吃的东西逃得过中国人的嘴巴呢？没有，至于那些本来就是引入为菜的物种，更是只有一个归宿。

牛蛙在中国的贡献，包括拯救了一道名菜，也就是馋嘴蛙。馋嘴蛙原本是以青蛙作为主料，而后慢慢衰败，主要原因是青蛙已经相当稀少，也需要更好的保护。于是，受制于食材的产量、体量和质量，这道菜始终只限于小范围中传承，无法推广。

在牛蛙大量养殖之后，馋嘴蛙的困境瞬时迎刃而解，并在川菜中找到一席之地。它比小龙虾便于操作、不伤皓齿、肉量充足；又比沸腾鱼更幼滑细腻、饱满弹牙且少骨刺之扰。诸多优点，让馋嘴蛙牢牢抓住了食客们的心。

从营养价值角度看，牛蛙也非常优秀，它不但味道鲜美，而且是一种高蛋白质、低脂肪、低胆固醇的营养食物。此外，牛蛙还有滋补解毒的功效，消化功能差或胃酸过多的人以及体质弱的人可以食用以滋补身体。

马达加斯加的魔鬼蟾蜍

那么，我们的史前青蛙在哪里？其实世界各地都有，第一批青蛙大约出现在距今1.8亿年前的早侏罗世，它们的基本身体构造已经和今日差不多。

但如果要问最大的史前青蛙在哪里，答案是神奇的马达加斯加。

马达加斯加是印度洋西南部的一个岛国，全称马达加斯加共和国，为世界第四大岛。该岛隔着莫桑比克海峡与非洲大陆相望，海岸线长5000千米。从远古开始，岛上的动植物资源就非常丰富，生活着许多长相奇怪的动物，发现过很多匪夷所思的古生物。

打从1993年开始，纽约州立大学石溪分校的古生物学者克劳斯（David W. Krause）就开始在马达加斯加岛西北部搜寻异常巨型青蛙的骨头碎片。这些骨头碎片可以追溯至距今约7000万至6500万年前的晚白垩世。

在多年的野外挖掘中，克劳斯不断有新的发现，包括一些恐龙和鳄鱼的化石。直到2008年，克劳斯的研究小组才寻找到足够多的青蛙骨骼化石，并将其组装起来，拼成一幅较完整的青蛙形状，并据此确定其样貌和体重。

克劳斯与来自伦敦大学的两栖类化石专家埃文斯（Susan E. Evans）一起，仔细描述了这只巨大的青蛙，并命名为盾状魔蟾（*Beelzebufo ampinga*）。盾状魔蟾长40.6厘米，体重约4.5千克，居住在半干旱的环境中。它的身体非常强壮，拥有一张宽阔的大嘴和强有力的上下颌，长有牙齿。它的头骨异常厚实，骨骼表面突出，凹凸不平，好像披着铠甲似的。埃文斯还为这只大嘴巴的青蛙取了一个绰号——“Pac - Man Forg”。“Pac - Man”在中国被翻译为吃豆人、食鬼或小精灵，是一款经典的街机游戏中的主人公。

盾状魔蟾的现生近亲是南美洲的角蛙（*Ceratophrys*）。角蛙是一个擅长“守株待兔”的捕食者，只要它喜欢，就会对身旁经过的任何动物发动攻击，而且角蛙的双眼上还长有角状的凸起，受侵扰时会主动展开攻击甚至猛咬。如果盾状魔蟾与它们的现生近亲有着类似习性，那么它会是非常具有威胁性的。考虑到它们的巨大体形，不仅蜥蜴、哺乳动物或者小型青蛙会成为它们的美食，甚至刚出生的恐龙幼崽都会沦为它们的猎物。

大出研究人员意料的是，盾状魔蟾与现存的体形最大的青蛙——巨蛙（*Conraua goliath*）竟然毫无亲属关系。巨蛙生活在西非的赤道几内亚和喀麦隆的热带雨林中，濒临灭绝。它们身长可达33厘米，体重达3千克；它们的寿命最长可达15年，主要以蝎子、昆虫和小型青蛙为食。

盾状魔蟾与同属于非洲大地的大青蛙没有亲缘关系，反而“傍”上了南美洲的蛙类，这是为什么呢？这要从古大陆板块偏移说起。此前，古生物学者曾假想世界上原有一个单一的超大陆——冈瓦纳古陆，由现在的南美洲、非洲、南极洲、印度和澳大利亚组成，并于1亿年前左右开始板块漂移，逐渐分离。

作为冈瓦纳古陆的一部分，马达加斯加与印度在很长时间里都紧密相连，它们与南美洲的关联一直受到地质学家的关注。目前我们推断，至少在距今1亿年前，这3个地区都存在关联。这个观点得到恐龙的化石证据的支持，比如在马达加斯加发现的玛君颅龙（*Majungatholus*）与在尼日尔发现的皱褶龙（*Rugops*）、在阿根廷巴塔哥尼亚发现的阿贝力龙（*Abelisaurus*），形态酷似。

而到了距今8800万年前的晚白垩世，马达加斯加终于成为一座孤立的岛屿，但盾状魔蟾的发现却又吹皱了这一池春水。因为按照以往的理论，马达加斯加岛的所在地曾由海洋与南美洲隔离开来，但这不能解释盾状魔蟾出现在非洲的马达加斯加岛，而它的现生近亲却又出现在南美洲。

这很可能表明，在盾状魔蟾时代后期，马达加斯加、印度与南美洲陆块之间很可能存在着一些陆桥，而这个陆桥可能就是如今的南极洲，不过那时的南极洲可能比今天温暖许多，没有冰雪，也还没有这么靠南。这座陆桥可能一直存在到距今约7000万至6500万年前，可以让动物们在几个大陆之间自由迁徙。盾状魔蟾及其亲戚可能就是通过这些断断续续的、狭窄的陆桥，以数千万年前还比较温暖的南极洲为跳板，实现了大范围迁移。

做馋嘴魔蟾请一定记得加丝瓜

除了这些科学上的贡献，盾状魔蟾也能为我们的史前菜谱贡献绵薄之力。但由于魔蟾这类动物的背部皮肤上可能有突起的毒腺，所以我们必须将皮全部剥掉，用清水洗干净。

收拾干净魔蟾的内脏，去掉头部，不要让甲片和牙齿伤了人，躯干和大腿斩件备用，下盐、鸡精、白胡椒粉。用黄酒腌半个小时左右，然后薄薄地涂上两面生粉，用平底锅，加入油热至高温，短炸封汁，或冷油下肉，开火泡嫩油至魔蟾肉熟，如此能保持肉里的水分，吃起来才嫩。

另起一个大炒锅，再下油。做这道菜一定要舍得油。爆香大蒜头，蒜头微黄时，放入大大一把干花椒，炸香以后，再放进大葱段、姜末炒一下，接着放泡椒、大碗干辣椒和郫县豆瓣酱，把油炒红，一直大火。片刻后倒入丝瓜，继续炒。虽然作为配料，但丝瓜至关重要。有道是“荤素搭配，吃饭不累”，丝瓜有清凉、利尿、活血、通经、解毒之效，和火辣辣的馋嘴蛙相得益彰。丝瓜炒透后，倒入魔蟾，大火炒匀，稍稍翻炒后加鸡汤，烧滚后转小火焖5分钟左右，淋上红油，撒上花椒面和葱节，即可装盘。如果是火锅吃法，还可以加入土豆、青笋、莲藕、黄瓜、午餐肉、蟹柳、腐竹和宽粉等配菜。经此一番炮制，诸君若有机会一尝，定会觉得蟾肉鲜嫩美味，麻辣味恰到好处，可谓辣而不燥，麻而不苦，回味无穷，好一道麻辣鲜香的馋嘴魔蟾！

步骤一 STEP1

剥掉魔蟾的外皮，去掉头部和内脏，清水洗净。躯干和大腿斩成小块备用。先放生粉会影响腌渍效果，因此先下盐、鸡精、白胡椒粉，用黄酒腌半个小时左右，然后薄薄地涂上两面生粉。用平底锅，加入油，热至高温，短炸封汁，或冷油下肉，开火泡嫩油至魔蟾肉熟，如此能保持肉里的水分，吃起来才嫩。

步骤二 STEP2

另起一个大炒锅，再下油。爆香大蒜头，蒜头微黄时，放入大大一把干花椒，炸香以后，再放进大葱段、姜末炒一下，接着放泡椒、大碗干辣椒和郫县豆瓣酱，把油炒红，一直大火。片刻后倒入丝瓜，继续炒。丝瓜炒透后，倒入魔蟾，大火炒匀，稍稍翻炒后加鸡汤，烧滚后转小火焖5分钟左右，淋上红油，撒上花椒面和葱节，即可装盘。

鲜嫩细滑的似鸡龙肉火锅

TENDER, DELICATE AND SMOOTH-GALLIMIMUS HOT POT

似鸡龙的身长4至6米，体重约440千克。头部小而修长，牙齿退化并代之以角质喙，颅骨结构轻巧且有很多大空腔。似鸡龙的身后还有一条占其体长一半以上的尾巴，这条长尾巴并不像其脖子那样可以灵活弯曲，而是在奔跑时直直地伸在后面起到保持平衡的作用。

哥斯达黎加云雾岛的加里米玛斯

连夜的倾盆暴雨过后，清晨的阳光洒向大地。此时，一座高耸的火山却不知趣地把雄壮的影子重重地压在山畔的草地上，只留下自身火山口那巨大的湖泊贪婪地享受着阳光。

这里是哥斯达黎加的云雾岛。岛屿上广阔的草原此时一片郁郁葱葱，青草在雨后阳光的滋润下充满了活力。

正在被暴龙追杀的格兰特博士带着苏珊和蒂姆从森林中钻了出来，他们满身泥污，惊魂未定，但眼前这生机勃勃的景象多少安抚了他们慌张的情绪。

这时，远处传来了“吱吱”的鸣叫声，只见一大群体态苗条、双足行走的恐龙从小丘后面疾奔而来。

“蒂姆，蒂姆，你能告诉我那是什么吗？”格兰特博士兴奋地看着这群奇妙的动物，声音都有些颤抖了。

“加拉……加里米玛斯？”蒂姆倒不惊慌，很快就把眼前的动物与脑海中的恐龙图鉴对上了号。

“那些，那些是肉食性恐龙吗？”苏珊现在看到恐龙就害怕。

格兰特博士不予置评，或许根本就没听到小孩在说话，他已经完全被恐龙吸引住了，嘴里嘀咕着：“看，队形在变化，就像鸟群在逃避捕食者……”

“它们往这边跑过来了！”蒂姆意识到危险逼近，格兰特博士这才从兴奋中回过神来，领着两个孩子转身狂奔，而此时这些行动敏捷的恐龙早已从他们身边疾驰而过了。

上述情景其实是电影《侏罗纪公园》中的一个经典镜头。这些肆意狂奔的、长颈细腿像极了鸵鸟的恐龙，就是著名的似鸡龙（*Gallimimus*），它们是恐龙世界中的跑步健将，能像鸵鸟一样飞速奔跑。

鸵鸟的Cosplay

似鸡龙是似鸟龙家族中极具代表性的成员之一，发现于距今约7500万年前晚白垩世的蒙古；而它的亲戚，同样赫赫有名的似鸟龙（*Ornithomimus*）和似鸵龙（*Struthiomimus*）则奔跑在同时期的北美洲。这三种恐龙在外观上非常相似，差别之处仅仅是一些较小的骨学构造。

乍看上去，这些似鸟龙类恐龙与鸵鸟非常相似。以似鸡龙为例，它身长4至6米，体重约440千克。头部小而修长，牙齿退化并代之以角质喙，颅骨结构轻巧且有很多大空腔。根据其大大的眼眶来看，它应该拥有一双大眼睛和良好的视力，再加上细长灵活的颈部有利于其更仔细地观察周围的环境和及时发现危险，其颈部的长度占到了身长的40%。

似鸡龙前肢较长，末端长有锋利的爪子用于采集和捕食，后肢骨骼轻盈细长而强健，且小腿骨长于股骨，与现生鸟类中的鸵鸟极为相似，显示其可能拥有与鸵鸟一样的非凡的奔跑能力和敏捷的运动能力。

但是，与鸵鸟不同的是，似鸡龙的身后还有一条占其体长一半以上的尾巴，这条长尾巴并不像其脖子那样可以灵活弯曲，而是在奔跑时直直地伸在后面起到保持平衡的作用。同时，似鸡龙3个脚趾着地，爪子平直狭窄犹如运动员穿的钉鞋，可在其全速奔跑时提供充足的抓地力，防止脚下打滑。良好的视野、轻盈的身躯、优秀的平衡能力、利于奔跑的后肢，这些体征表明似鸡龙是一种拥有高速奔跑能力的恐龙。古生物学者通过电脑模拟，算出似鸵龙或似鸡龙能依靠健壮的体魄和细长强健的双腿，以每小时60千米的速度奔跑半小时以上！

有趣的是，古生物学者对这类恐龙的认识经历了一个曲折的过程。早在1889年前后，人们就发现了零星似鸵龙化石，但由于化石过于破碎，难以判断它们的属种，错过了发现这一新物种的机会。1901年，加拿大著名的古生物学者赖博（Lawrence M. Lambe）在一次野外考察中发现了一根修长的腿骨和一些零散的化石，赖博随后将这种新发现的恐龙命名为似鸟龙。受到当时恐龙喜水这种主流观点的影响，他把这种新发现的动物描述成生活在沼泽之中，整天泡在水里的“长颈鸭子”。

直到1914年，著名的“暴龙猎人”布朗（Barnum Brown）在加拿大艾伯塔省的红鹿河谷附近发现了一具几乎完整的骨骼化石，并重塑了这一物种，似鸵龙的独特性才得到人们的肯定。布朗在重塑这种动物模样的过程中发现它与现生走禽——鸵鸟十分相像，于是将这种动物命名为似鸵龙，意思是鸵鸟的模仿者。

在这些林林总总的似鸵龙化石中，一件发现于1917年的似鸵龙化石尤为特别——除了个头比过去已发现的同类更巨大外，人们还清楚地知道它的死因，因为在发现它的地层中还发现了大量森林大火后留下的灰烬痕迹。通过对化石的分析解读，古生物学者重现了这具化石的形成过程：在一场烈焰冲天的森林大火中，一只成年似鸵龙拼命奔逃。但在浓重的烟尘之中，它还是没有逃过死神的召唤窒息而死，并最终成为眼前这具扭曲的化石。

目前，保存最完整的高似鸵龙（*Struthiomimus altus*）化石保存在美国纽约自然史博物馆，而最完整的埃德蒙顿似鸟龙（*Ornithomimus edmontonicus*）化石则保存在加拿大艾伯塔省的皇家泰勒博物馆中。在研究学习兽脚类恐龙的过程中，我曾经多次徘徊于埃德蒙顿似鸟龙的标本前，其撇开双足的英姿，暗示着它曾经奔跑过万里路。

似鸟龙类的荤素之争

有关似鸟龙类的最大争议点在于它们的食性。因为它们一直属于肉食恐龙的大本营——兽脚类，“兽”字当头，其中包括了暴龙、异特龙等大批凶残杀手。现在似鸟龙类偏偏要“反出师门”，吃斋去也。长期以来，古生物学者普遍认为似鸟龙类是以肉食为主的杂食性，捕食昆虫和其他一些小动物，偶尔吃吃果子。但是这些推测都缺乏化石证据，仅仅是推测而已。

2001年，美国纽约自然史博物馆的诺雷尔博士（Mark A.Norell）在两具来自蒙古戈壁、保存状况相当完好的似鸡龙化石上面发现了其嘴喙的组织构造。嘴喙呈梳子状，说明该种恐龙可能是采用滤食的方式来进食，就像现生的鸭类一样。所以，诺雷尔认为没有牙齿的似鸟龙类可能从溪流或池塘的浅水处，过滤细小的浮游生物为食。

而后，伦敦自然史博物馆古生物处的恐龙专家巴雷特博士（Paul M. Barrett）从似鸟龙类恐龙的每日最低热量收支入手分析，认为原来那些浮游生物食性、肉食为主的杂食性等观点都站不住脚，似鸟龙类的角质喙与胃石显示这类恐龙应该是以植物为主的杂食性。

巴雷特首先从似鸟龙类的体形推测，认为它们的每日最低热量收支不可能靠浮游生物来维持。如果以雀形目鸟类的新陈代谢标准来衡量，体重440千克的似鸡龙每日至少需要43.57兆焦耳（1兆焦耳≈239千卡）的热量，这意味着似鸡龙需要进食干重3.34千克的食物；若以冷血爬行动物的标准来衡量，似鸡龙每日至少要1.46兆焦耳的热量，需进食干重0.07千克的食物。

按此需求，可以对比现生的、有着类似食性的火烈鸟（*Flamingo*）。体重只有2至4千克的火烈鸟要维持活动能力的话，每日至少要过滤400升的水取得食物，放大到似鸡龙或似鸟龙，它们所需过滤的水更难以估量了。此外，浮游生物的数量也会因季节变化而多寡，因此就算似鸡龙是一台昼夜开机、365天无故障不休息的过滤机，恐怕也吃不到几成饱。

此外，似鸟龙类头骨并没有用来滤食的适应性构造，这样的脑袋插进水里，后果恐怕不太乐观。再退一步讲，假如似鸟龙类真的是以滤食为主要进食方式，那么其发达的前肢所用何处？撑在地上吗？如果是植食性的话，前肢就可以用来辅助进食，抓取食物。

就在这个研究进行到关键阶段的时候，来自中国的标本帮了巴雷特一个大忙。2003年，中日古生物学者在中国内蒙古上白垩统地层中发现了至少14具中国似鸟龙（*Sinornithomimus*）化石，在其中都发现了胃石，这是似鸟龙类食性的直接证据，说明似鸟龙类与许多现生的鸟类一样，也靠胃石来消化食物。那些吃下去的食物经过胃部肌肉的运动，与石块互相摩擦，把食物碾碎成黏稠的糨糊状，胃石成了对付粗糙食物最有效的工具。很多鸟脚龙类恐龙，如鸭嘴龙（*Hadrosaurus*）、禽龙（*Iguanodon*）等吞噬大量植物的恐龙，也是靠此来消化大量食物的。

以上种种证据都表明，似鸟龙类原来真的是以植食为主的兽脚类恐龙。这种颇为奇特的食性特征在兽脚类可谓是一朵奇葩，大大拓宽了人们的视野。至少，我们现在已经知道，在距今7000万年前的亚洲与美洲大陆上，一群群如飞毛腿的似鸟龙类无需整天窝在水边“抽水”，而是捧着树枝或果子大快朵颐。

遗憾的是，这些灵气十足、毫无危险性的恐龙也随着那颗致命的大陨石一起，在距今6500万年前灰飞烟灭了。但是如果要问，如今什么动物最能模拟两足恐龙的奔跑模式，这个答案非鸵鸟莫属。

驱走冬季凉意的是火锅

作为直接传承兽脚类恐龙的鸟类，鸵鸟属于鸟类中的平胸类。它如此庞大，而且居然不会飞，只会奔跑，这真是恐龙足迹研究者的一大福音。我们已经无数次地抓来鸵鸟，设计各种地面，包括正常、泥泞、泥水、沙地、沙砾地，然后让可怜的鸵鸟以各种速度来回地跑，我们则屁颠屁颠地跟在后面，拿着小尺子、照相机测量记录着它的足迹。

亲身接触之后才知道，这种体重可达120至150千克，速度可达70千米/小时的世界上最大、最快的鸟儿，是如此温顺优雅。你看那大眼睛、双眼皮、长睫毛，走起路来悠闲自得，高傲无比，很是可爱。

鸵鸟原产于非洲的草原和阿拉伯沙漠，原本应该有着更广泛的知名度，只是由于最初各国的垄断，才使得很多人对这种全身是宝的动物如此陌生。

18世纪初，南非人最早开始了鸵鸟的人工饲养。到了1945年，南非成立了小卡鲁鸵鸟合作社，开始运作鸵鸟的现代饲养业。在随后的几十年间，这家机构成为南非鸵鸟产品的垄断组织，甚至禁止南非出口活鸵鸟或蛋。除了南非，美国和澳洲也在19世纪六七十年代开始饲养鸵鸟，但规模一直不算太大，直到疯牛病爆发，市场急于寻找可取代牛肉的新肉源，鸵鸟才被重视起来。

鸵鸟肉纯属红肌肉，外观上与牛肉相似，几乎可以乱真，但是又有着嫩牛肉不可比的爽口。鸵鸟肉的营养价值也很高，除含有人体所需的21种氨基酸外，还具有高铁、高钙、高硒、高锌、高蛋白、低热量、低脂肪、低胆固醇等特点。

如今，只要是饲养牛的国家，或是有食用红肉习惯的国家，几乎都已进口鸵鸟进行人工饲养。其中，中国是亚洲最早饲养鸵鸟，也是亚洲饲养最多鸵鸟的国家。不过，鸵鸟在中国的历史，则可以追溯到唐朝鼎盛时期。是年，阿富汗国王进贡鸵鸟，献给女皇武则天，武皇龙颜大悦，将鸵鸟赐名为“神鸟”。迄今，唐朝众多陵墓前都有鸵鸟石雕，最著名的要数唐高宗李治与女皇武则天合葬墓乾陵的神道石刻。

目前在中国、日本、韩国，用鸵鸟肉制作的美食佳肴正被越来越多的消费者所认可。各种思路的美食层出不穷，比如鸵鸟火锅、鸵鸟毛血旺、水煮鸵鸟肉、XO酱爆鸵鸟肚，甚至中国必胜客都推出了“南非鸵鸟味”的鸵鸟肉比萨！

由于体形、生活与饮食方式极其类似，似鸡龙完全可以按照做鸵鸟大餐的方式来烹饪。什么烹饪方式最能把似鸡龙肉的原汁原味发挥得淋漓尽致？毫无疑问，当然是暖暖的、热腾腾的火锅！我国的火锅花色纷呈，千锅百味，如广东的海鲜火锅、云南的滇味火锅、重庆的毛肚火锅、北京的羊肉火锅、浙江的八生火锅、杭州的三鲜火锅、湖北的野味火锅、东北的白肉火锅、上海的什锦火锅，等等。亲朋好友围着热气腾腾的火锅，杯觥交错，把酒言欢，洋溢着热烈融洽的气氛，暗合中国传统文化中大团圆的文化意蕴。

我们先选用一岁龄的似鸡龙，宰杀处理干净，剔出大骨，配合香料熬制锅底汤料。将似鸡龙胸肉、腿肉、尾肉洗净，沥干水，用刀片成约长8厘米、宽5厘米、厚0.5厘米的片，装入盘中。一些配菜，如豆腐洗净切块，莲花白洗净，撕成块，甚至可以来一些海鲜之类，这些材料分别装盘，围在火锅四周。味碟用盐、青辣椒末、腐乳汁调制，各种口味，悉听尊便。最后往火锅中倒入之前熬制好的汤底，加入葱节、姜块，烧沸后就可以各就各位了。

由于经常奔跑，似鸡龙肉蛋白质十分丰富，而且没有脂肪。小似鸡龙的肉纤维很细，又不失筋道，即便在锅里翻滚多时，也不会有被煮老的感觉。放入口中，肉质鲜嫩有嚼头，这醇香的美味定能驱走冬季的凉意，让全身都热乎起来呢！

步骤 STEP

涮火锅，最重要的是准备食材。将似鸡龙肉片成长8厘米、宽5厘米、厚0.5厘米的肉片，部位优选胸肉、腿肉、尾肉。再备好豆腐、莲花白等配菜，分别装盘，围在火锅四周。依个人口味配好蘸料，然后往火锅中倒入之前熬制好的汤底，加入葱节、姜块，烧沸后就可以大快朵颐了。

生煎猛犸象腿肉片

PAN-FRIED MAMMUTHUS LEG FILLET

迪玛是一头小公猛犸象，它身长1.4米，高1.28米，鼻子长达0.55米，体重约63千克，据推测它生前体重可达90至100千克。它身上披着略带红色的栗色长毛，脚部毛长12.5厘米，胸腹部毛长21厘米。

“你不敢吃的100种食物”之31号

“敢不敢试试看？”朋友藤田哲人神秘兮兮地问。

藤田君是我的一位老友，家人身居丰田高层，自身是做出版的日裔神人，这个“神”显然不是正面的，他老出版一些“莫名其妙”的书，比如墓碑图籍、狗的街拍等。这会儿，他刚刚从日本回加拿大两天，便兴冲冲来找我。

“你又带来什么奇怪的东西？”帕特里克凑了过来。

帕特里克是个没落的法国贵族，他开了一家餐馆，做着甩手掌柜，整天无所事事，只为法国的伊斯兰化忧心忡忡。他最近对摄影很感兴趣，所以经常来找我。

“Aniki……又试啥？”我对藤田有点怕怕的，他经常带来各种奇怪的东西给我们试吃，比如墨西哥的牛脑牛下水卷饼、埃及乡村的腌骆驼肝、意大利活蛆腐酪（Casu Marzu），等等。这些有点恶心的食物到底是如何通过海关的？天知道……

藤田从背包中掏出一小袋肉乎乎的玩意，说：“猛犸象肉！”

猛犸象？！

现在轮到我和帕特里克傻眼了……

就连帕特里克也知道，这是灭绝了成千上万年的动物啊。

自古以来，在那遥远的西伯利亚，从北纬58度到北极海之间，鄂毕河、叶尼塞河和勒那河沿岸，在奥斯加克人、通古斯人、萨莫耶德人和布拉德人的家乡，猛犸象的墓地比比皆是。当沙质河滩解冻时，可以发现成堆的猛犸象獠牙和巨大的骨骼混在一起。有时，这种长牙还牢牢长在颌骨上，甚至还裹着带血的肉和皮毛。它们在“大自然的冰箱”中已保存了成千上万年之久，但真的拿来吃，还是过于惊悚的事情。

“这是如假包换的猛犸象肉，日本的考察队在西伯利亚发现一件标本，融化之后残留有毛有肉。最开始，考察队员取走了很多样本，一些剩下的部分就被储存了起来。”藤田喝了口水，接着说，“我从黑市上买了一些，据说是腿肉，真空包装的，来吧，试试看！”

当断不断、想吃不吃非吃货，吃就吃了吧！我心一横，接过肉来。

“会不会有病毒什么的？”帕特里克说了一句，他最近在复习万圣节大片《行尸走肉》。

“没事，当地人经常用来喂狗，狗还是健康得很。”藤田解释道。这算哪门子解释，你为什么老要把人和犬放在一个基准上？

为了预防万一，我找了广谱抗生素诺氟沙星，一人吞了一剂量。

虽说这是猛犸象肉，但并没有太多特殊之处，肉的纹路看着粗，没有多少脂肪，可能是冰冻时间太久的缘故，已经微微发黑。

我把肉切成3份，用游标卡尺量了一下，我的份额是长8.9厘米，宽4.1厘米。取来平底锅，倒上橄榄油，把肉煎透，煎足10成熟，加点海盐。

藤田先吃，他拿出笔记本，目不斜视，正襟危坐。只见笔记本的扉页上写着下一本书的书名——“你不敢吃的100种食物”之31号，我心里一下凉飕飕的，想着我这又成他的试验品了。

给两位“损友”送上刀叉，我也鼓起勇气，夹起猛犸象肉送入嘴中。嚼了嚼，觉得和在野外吃到的野猪肉差不多，粗糙的口感，有种邪气的感觉，有点沙土味道……

藤田拍了照片，咬了一口，嚼了五五二十五下，咽了下去。写上：猛犸象肉入口的时候，我想到了残剑横刃；当它接触牙齿的时候，犹如童年的古生物爱好者之梦和我融合；当它抵达味蕾的时候，我看到了猛犸象死前的一幕幕……似乎真的穿越了四五千年！活着真好！

帕特里克也吞了，但脸色却越发难看，这片比木乃伊还古老的肉让他越来越后怕。突然，他像弹簧一样站起来，冲进厕所嗷嗷吐开了。

“浪费！”

“丢人！”

“嗷！”

藤田和我，以及我们的狗狗“泡忆莲”在短时间内都做出了反应。

为了不浪费猛犸象肉的油和肉末，我用煎过猛犸象肉的油，煎了一个蛋给小狗吃。

“泡忆莲”此时也仿佛得到了神犬的荣光，三下五除二地吞了下去，打了一个饱嗝。

这事本来也不是什么大事，但八卦是我的原动力，于是就在某浪微博与众粉们分享了。大家没吃过猛犸象肉，听一下也好。

这个从煎肉到尝肉的全过程一上网，事件就瞬间失控了。话题立刻引来数千网友的转发和热议，多半是受不了这种“疯狂”的行为，也有吃货同行求肉，求证实，羡慕嫉妒恨云云。

一些媒体也捕风捉影地跟进，采访了国内一些同行。有恐龙博物馆的学者认为这是浪费了珍贵的科学材料，有古生物研究所的学者认为肉难以保鲜这么长时间，还有人认为是炒作。但事实终归是事实，作为古生物学者，怎么就不能尝尝猛犸象肉的味道？这本来也是科学的一部分。从神农氏到朱自冶，各路“吃货”见证着人类对自然万物的认识，见证着炎黄子孙味蕾的演进，是非成败，自有后人评说。

缔造历史的亚当斯标本

在古生物学历史上，人类历史上第一具，也可能是唯一一具最完整的、最大的猛犸象标本则是由一位囧猎人、“泡忆莲”的前辈、俄罗斯圣彼得堡科学院的学者这三者共同“缔造”出来的。

当时是1799年，在俄罗斯西伯利亚的勒那河畔，一位俄国通古斯族猎人在倒塌的河岸边发现了一具保存完好的猛犸象尸体，但他没敢动它。因为老一辈的人说，从前在这个半岛上，也有人发现过类似的怪兽。还说谁要遇到这种怪兽就会家门不幸，全家人都要病亡。这位通古斯人听说后，吓得生了一场大病。

可是，猛犸象的两根长牙还是不断激起猎人的贪念，于是他决定把这两根长牙据为己有。1804年3月，他把两根牙都卖了，但没有换得什么东西。没了长牙的猛犸象就这样继续戳在那里，当地的雅库特人发现之后，觉得浪费也是一种罪过，于是就把猛犸象肉割下来喂狗，北极狐、狼、獾、狐狸也“闻讯”而来偷肉吃。

次年，圣彼得堡科学院的学者亚当斯获悉这个消息，立即带着考察队去抢救这个宝贵的残骸。他找到通古斯人的首领，画了张地图，四处寻找。不过，当亚当斯找到这个猛犸象时，猛犸象已经被雅库特人和动物们糟蹋得破碎不堪。但尽管如此，这头猛犸象的骨架尚存，且只少一条前腿，它的头部还保存着干皱皱的皮肤，眼睛和脑部还在，象脚上生有厚茧，一只毛茸茸的耳朵也保存完好。它的表皮呈深灰色，上面的毛为棕红色，鬃毛为黑色，比马鬃还要浓密。

亚当斯把能拾取的东西都收集起来，下令剥掉猛犸象的皮——足足用了

10个人才把皮剥下来。然后，他让人把散落在地上的兽毛都集拢起来，共拾了17千克。所有的东西都被运回圣彼得堡，但因为途中颠簸，猛犸象表皮上的毛脱落殆尽。这件标本就是著名的猛犸象“亚当斯标本”。

此后，西伯利亚地区发现了大量的猛犸象遗骸，成年的、未成年的、带有肌肉的，甚至还带有胃容物的。而在这些大大小小的猛犸象中，真正变成猛犸“代言象”的则是“迪玛”和“加克夫”，前者非常可爱，后者悲剧不已。

一头身披长毛的幼猛犸象

1977年6月，俄罗斯西伯利亚东北部，位于科雷马河的一个小小支流附近，一个一眼看过去就要发生奇妙故事的偏僻山村里，一个推土机手正在操纵机器，推开冰土表层的泥土以寻找金矿。这名私人探矿者认为自己的工作既单调无聊，又令人生厌。

突然，在泥土之下的冻土中露出了一个黑色的怪物。由于冻土比石头还硬，用铁锹和铁镐是无济于事的，于是推土机手采用了一种原始但却实用的化冻方法：他挖了一条小沟引来河水，当冻土融化后现出了一头类似小象的动物——一头幼小的身披长毛的猛犸象。

如此完整的猛犸象遗体的发现在历史上还是第一次。推土机手给这头小猛犸象起名“迪玛”，从此这个名字几乎成了小猛犸象的代名词。迪玛先被送往距发现地点以南480千米的一个特别冰库中，然后被送到列宁格勒动物学研究所，供专家研究。

迪玛是一头小公猛犸象，它身长1. 4米，高1. 28米，鼻子长达0. 55米，体重约63千克，据推测它生前体重可达90至100千克。它身上披着略带红色的栗色长毛，脚部毛长12.5厘米，胸腹部毛长21厘米。迪玛出生6个月后就夭折了，死因推测是由于脚伤而感染上败血症（它脚上有两处伤口）。迪玛死后因塌方而被掩埋在泥土之中，保存至今。

足够小、毛茸茸、长鼻子、小眼睛，全是萌点，可爱的小迪玛马上征服了许多小朋友。这是猛犸象第一次成为古生物中的“明星物种”。

各种悲剧的加克夫标本

与可爱的小迪玛相比，美国Discovery（探索）频道在1998年资助挖掘的“加克夫标本”则让人哭笑不得。

当年，法国探险家布格斯拿了这笔资助，组织了一场远征探险，经过两个秋季的辛勤工作，他们终于在1999年10月把猛犸象连同包裹着它的冰块从冻土中分割开来，“加克夫标本”被空运到哈坦加城，保存在一个冰穴之中。碳-14测定年代法显示加克夫标本为雄性，死于2万年前，寿命为47岁。Discovery则在2000年播出了这部名为《猛犸象重见天日》的片子，一时间引起了不小的轰动。全世界的观众第一次看到在冰天雪地里挖猛犸象的刺激场面，这种古生物瞬时威名远播。

然而到了2000年底，当吹风机的热气终于融化了猛犸象身旁的所有冰层之后，眼前的情景令所有人大跌眼镜：最终露出来的不是一具完整的、有血有肉的遗体，而只是一副骨头架子，以及少许的皮毛和皮下组织，肌肉和器官全都腐烂得无影无踪。或许是这个结果太令人失望了，有关“加克夫标本”的报道从此销声匿迹……

猛犸象的防寒秘诀

这些有趣的或带有点悲剧色彩的发现，却让更多人关注起猛犸象。猛犸象俗称长毛象、毛象，曾经广泛分布于爱尔兰、俄罗斯、中国、美国等地。这些披着浓厚皮毛的象类成为冰河世纪的典型标志物，近年来更是作为主角接连登上动画电影《Ice Age》(《冰河世纪》)。

猛犸象的祖先最早出现在400万年前的非洲，此后逐步向欧亚大陆迁徙，进而通过当时因海平面下降而成为陆地的白令海峡进入北美。为了适应从寒带到温带、从大陆到小岛的多样环境，它们也演化出了不同的种类，目前已确定的就有西伯利亚的真猛犸象，亚洲的平额猛犸象、南方猛犸象，北美洲的帝王猛犸象、哥伦比亚猛犸象、小猛犸象以及北极圈岛屿上的真猛犸象弗兰格尔亚种，等等。

在冰河期与间冰期反复交替的几百万年里，猛犸象顽强地生存了下来，而且占领了极其宽广的生存空间。然而在大约1万年前，最后一次冰河期即将结束的时候，久经考验的它们却走向了灭绝。最后的猛犸象——真猛犸象弗兰格尔亚种在北极圈内的弗兰格尔岛上又苟延残喘了数千年，直到4000年前才消失。

从挣扎到最后一刻的真猛犸象来看，它们已经高度特化，它们的头骨又短又高，象牙（其实就是门齿）强烈旋转，长度可以超过5米，其臼齿的齿冠高且发育，含有很丰富的白垩质。不过，真猛犸象的个头不算太大，一般个体只有5至6米长，3米多高，但是由于身躯肥壮，体重可达6至8吨。

猛犸象最大的噱头，也是最为人们津津乐道的特征就是它们的抗冻力。如果你想有切身体会的话，请到冰库里一游，那种多穿几件毛衣的强烈愿望会跨越一切意识，源源不断地从脑中冒出来。于是，猛犸象演化了。它的抗冻力体现在这几个部位：首先是长毛，猛犸象长着一身能够包裹它们全身的浓密长毛，仅内层绒毛就有10厘米厚，而头顶的外层毛发长30厘米，臀部的毛发更是达到了1米长，要不它怎么被称为“长毛象”呢？其次是耳朵和象鼻，与亚洲象、非洲象不同，猛犸象的耳朵变得较小，象鼻也缩短了，这都是为了减少热量散失。最后是脂肪，猛犸象的皮下有厚厚的脂肪层，背部的脂肪甚至堆积得像驼峰一样。

为了在冰天雪地里寻找食物，猛犸象还演化出独特的铲雪构造，那就是长3至5米，且极度弯曲的象牙，个别雄性猛犸象的长牙甚至扭结在一起，而它们的头颅也长成圆顶状的“尖脑门”，以支持沉重的长牙，这样的构造可以让猛犸象很快地推开地面的积雪。凭借着如此完善的“装备”，猛犸象得以适应严寒的气候，成为象族中唯一挺进北纬45度以上的类群，并在艰难的环境下繁衍了数百万年。

如今的西伯利亚旷野上，飞雪漫天，寒风咆哮，景物依旧，但在风雪中昂首迈步的猛犸象却再也见不到了……这些曾经漫游整个北半球的巨兽已经伴随着雪花永远消散在西伯利亚的旷野上，但它们将继续活在我们的想象中，直到被成功克隆的那一天。

那一天，终会到来，以古生物学者之名。

步骤 STEP

首先，切出一块长约9厘米，宽约4厘米的猛犸象腿肉。然后，取来平底锅，倒上橄榄油，把肉煎透，煎足10成熟，加点海盐。猛犸象腿肉的味道和在野外吃到的野猪肉差不多，粗糙的口感，有种邪气的感觉，有点沙土味道……

跋

一本穿越时空的菜谱

立达还未到艾伯塔大学去攻读博士学位时，我们几乎天天如一家人般围着一张餐桌吃饭。从北新桥的泡椒牛蛙到金宝街的港式火锅，从豆腐池胡同的马来西亚小厨到四季青桥的日本料理，或者在家风卷残云般扫净我太太秘制的红酒焖牛肉——我们都是饕餮之徒。

餐桌上愉快的交谈往往围绕着立达的研究方向——当时主要是古生物的功能形态学——而展开。比如对某种具有奇特头冠的翼龙类进行空气动力学实验，以及用流体力学模型来比较晚三叠世鱼龙与现代海豚哪个物种表现更优秀……

当然，其间一定还会穿插评论某道菜肴是否选材精良，是否烹制得当。当盘盏中出现带着厚厚皮层的龙趸（巨石斑）切片或者张螯舞爪的澳洲龙虾这类不寻常食材时，话题往往就转入了探讨霸王龙肉能否满足美食家挑剔的口味这类非常不稳重的领域。

在这本书中，老饕的非分之想与古生物学者的严谨推论，就像加勒比咖啡豆与爱尔兰威士忌的携手一样出人意料而又理所当然，就像夫妻肺片与香槟的结盟一样惊世骇俗而又妙趣天成。良厨临俎案，首先是相食材。如果将本书作为一本穿越时空的菜谱来读，其最精妙处就在于这个“相”字。对于早已灭绝的物种，立达通过对化石重建过程的描述，确认其与现生物种在进化链上的关系，分析该物种所处的生态环境并推论其行为模式，近乎完美地展示了一个大厨相食材的技艺。而烹制与搭配调味的精巧手段，亦足以刺激每一位阅读本书的孩子们想象这一道道虚幻佳肴时的唾液腺分泌。

迪士尼那部动画片《美食总动员》中，年迈的美食家终于尝到那道法式杂菜煲时，潸然泪下：“这道菜让我想起小时候母亲烹制的菜肴滋味。”美妙的食物，能够唤起我们潜藏在大脑最深处的记忆。而作为一个生存在新生代全新世的人类，当立达用文字将一道道美味珍馐上传到我的右颞叶皮层，越过那张铺着雪白台布的餐桌，我看到亿万年前的太阳正在苍茫大地上迅速落下。于暝色四合之际，辽阔无垠的大平原之上，一群庞然大物正迈着庄严无比的步伐走向远方。

天边有颗流星划过。

老友黑衣　记

本书古生物全家福

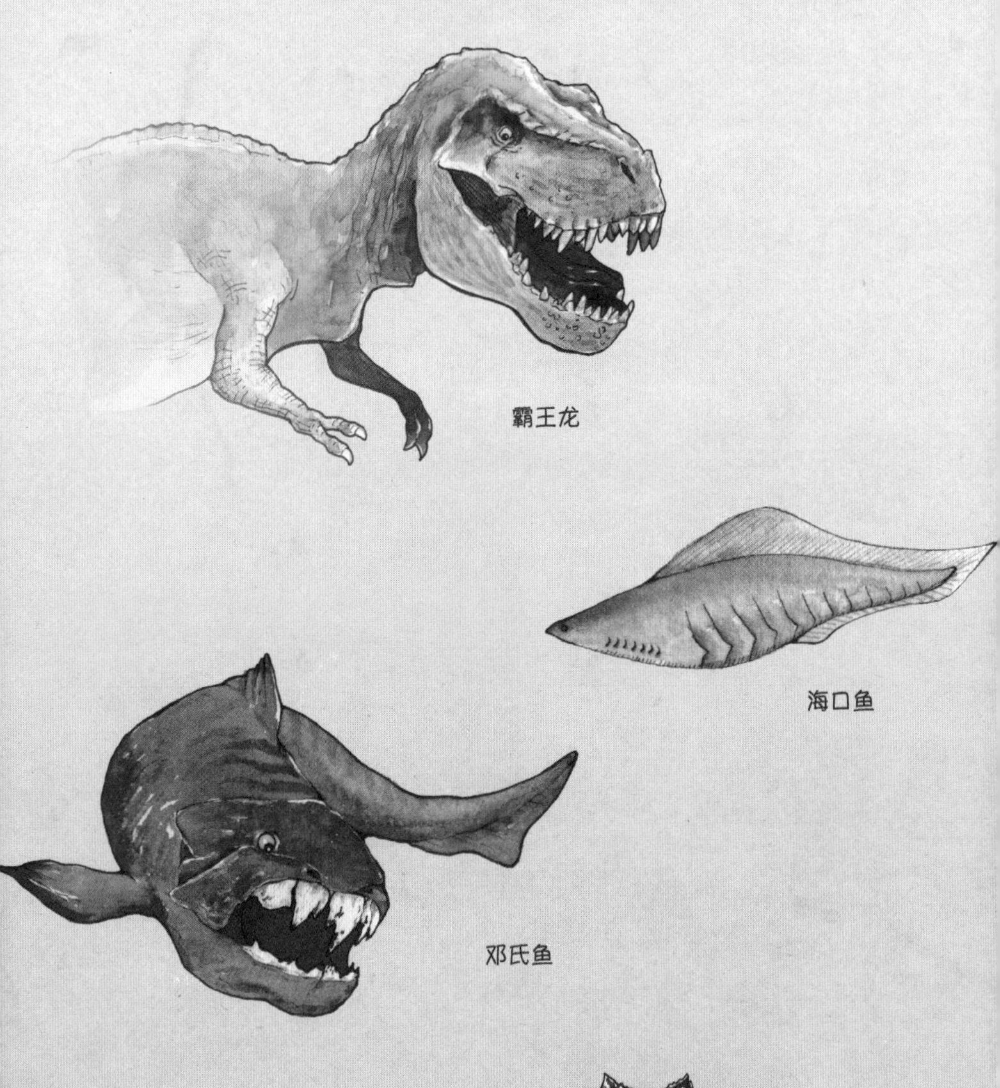

盾状魔蟾

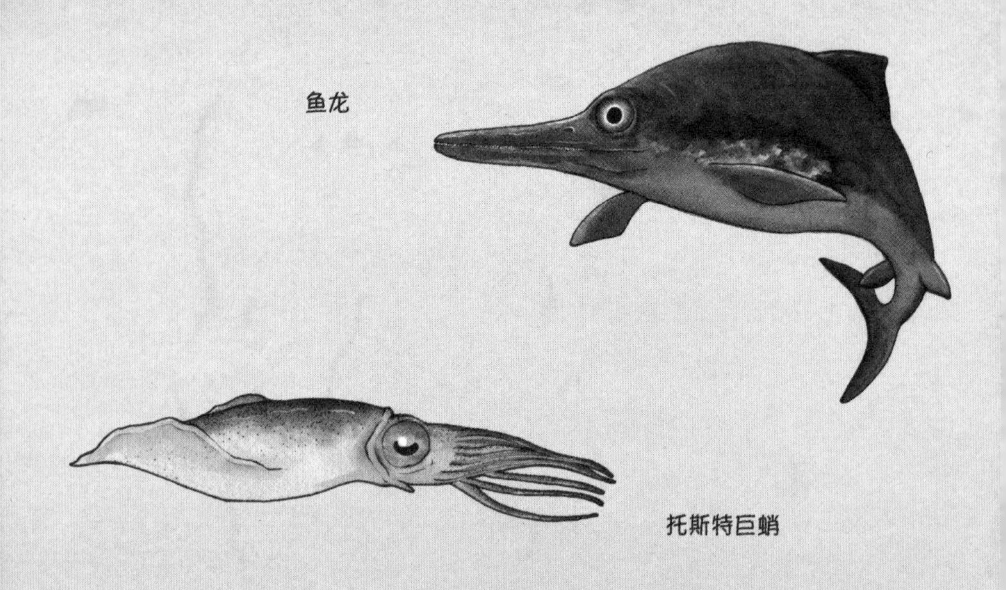
鱼龙
托斯特巨蛸

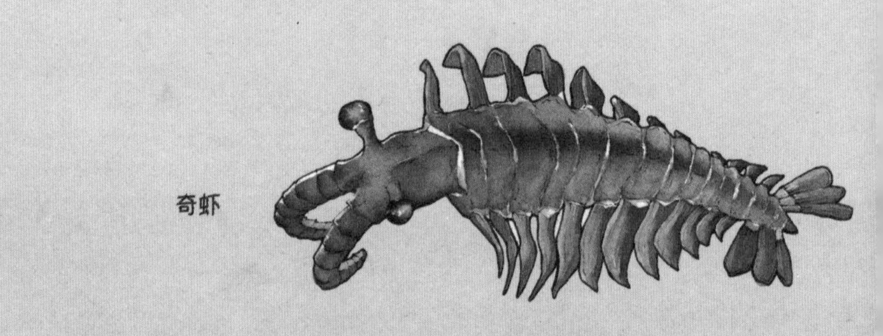
奇虾

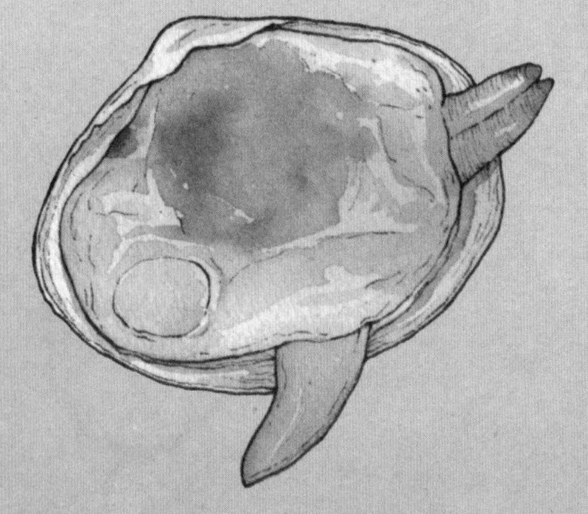
瓦蛤

风神翼龙

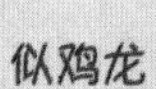

伤齿龙

顾氏小盗龙
鹦鹉嘴龙
雷啸鸟
魏氏阿勒莱皮鳄